マイナビ新書

人生を豊かにしたい人のための
ウイスキー

JN059887

土屋守

マイナビ新書

はじめに

ここ何年と、ウイスキーがブームであることを耳にしている方は多いかと思います。ジャパニーズウイスキーの世界的な人気、クラフトウイスキーというこれまでとは違った動きなど、話題に事欠きませんが、ウイスキーにあまりなじみがない方にしてみれば、なぜ多くの人がウイスキーに夢中になるのか、不思議に思われるかもしれません。

作家、ジャーナリストとして活動していた私がウイスキーに出会ったのは、30年以上前、イギリス滞在中のことでした。「ウイスキーってこんなにうまいのか！」と衝撃を受けて以来、その深遠な世界にすっかりとはまり、ウイスキーづくりの現場に足を運び続けています。我ながら、飽きもせずによく……と感心しますが、ウイスキーには抗いがたい魅力がいくつもあるのです。

一つは、ロマンです。ウイスキーは「時間」がつくるお酒です。蒸留されたウイスキーは樽のなかで10年、20年、ときには50年、60年という月日を経て、私たちの前に現れます。グラスを満たす琥珀色の液体には、長い長い時間が記憶されているのです。そしてそこには、自分自身では飲めない可能性があるにもかかわらず、未来の人たちにおいしい一杯を飲んでほしい一心でウイスキーをつくる、つくり手たちの熱い想いも込められています。ロマンを感じるなというのは無理な話です。そうは思いませんか？

さらに、ウイスキーは生産地の文化や歴史と密接に関わっています。

たとえば、世界の五大ウイスキーに数えられるアメリカンウイスキーの基盤は、アイルランド系移民のスコッチ・アイリッシュによって築かれました。スコッチ・アイリッシュはアメリカ独立戦争では前線に立ち、南北戦争では敵味方に分かれて戦った人たちです。また、アメリカ合衆国の歴代大統領のうち、半数近くがスコッチ・アイリッシュです。

ウイスキーを軸に俯瞰したとき、世界や歴史の意外な一面が見えてきます。ウイスキーを知れば知るほど、各国の伝統や文化への知見が深まります。ウイスキーを通じて教養も身につく。これもまた、ウイスキーの大いなる魅力です。

欧米では、酒の知識が教養として必要だといわれています。グローバル化が急速に進む現代において、ウイスキーの知識は強力な武器になるはずです。なかでも、ジャパニーズウイスキーには世界が注目しています。自国のウイスキーについて語る言葉をもっていれば、海外の人たちと交流する際にきっと役に立つでしょう。

もちろん、飲んでおいしいことはいうまでもありません。ウイスキーは、疲れたときに飲めば心身を癒やし、うれしいときに飲めばよろこびをいや増し、悲しいときに飲めば、つらさを少しだけやわらげてくれます。浮き沈みの多い人生において、ウイスキーはよき伴侶となってくれるでしょう。

本書は、そんなウイスキーの成り立ちから定義、現在の動向までを、広くカバーしています。7章では、2021年2月16日に日本洋酒酒造組合が公表した「ジャパニーズウイスキー」の基準についても触れています。この基準について説明した書籍は、おそらく、本書が初です。さらに、それぞれの章の最後では、おすすめウイスキーも紹介しています。

本書を読んでから飲むもよし。

飲みながら読んでもよし。

本書がウイスキーと出会うきっかけに、あるいは、より好きになる後押しになったなら、これに勝るよろこびはありません。

ウイスキーは必ずや、あなたの人生を豊かにしてくれます。

芳醇なるウイスキーの世界へ、ようこそ。

2021年2月　ウイスキー文化研究所　土屋守

人生を豊かにしたい人のためのウイスキー

目次

序章　シングルモルトが起こしたウイスキーブーム

第1章　スコッチとアイリッシュの〝本家〟〝元祖〟争い

第2章　ブレンデッドからシングルモルトの時代へ

第3章　アメリカンウイスキーの歴史

第４章　禁酒法時代とカナディアンの台頭

第5章　ジャパニーズウイスキー黎明期

第6章　世界にはばたくジャパニーズウイスキー

第7章 ウイスキーの今、そしてこれから

序章

シングルモルトが起こしたウイスキーブーム

買収金額6000億円超え！　歴史に残る買収劇

　1986年、スコッチウイスキー業界に激震が走りました。一時期は〝帝国〟とまでいわれたウイスキー会社のディスティラーズ・カンパニー・リミテッド（DCL）が、ギネスグループに買収されたのです。最終的な買収金額は25億3000万ポンド（当時のレートでおよそ6300億円）。これはロンドンで行われた買収劇のなかでも過去最大といわれ、スコッチ業界はもとよりヨーロッパ、アメリカでも大いに話題になりました。

　ギネスグループによるDCL社の買収が、なぜそれほど驚かれたのか。金額の大きさだけがその理由ではありません。スコットランドとアイルランド、スコッチウイスキーとアイリッシュウイスキー、それぞれの対立の歴史を象徴する出来事だったからです。

　詳しくは次章で説明しますが、スコットランドとアイルランドには歴史的な因縁があり、ウイスキー発祥国の座をめぐって争うライバルでもあります。また、1840年代までアイリッシュウイスキーの生産量はスコッチウイスキーの生産量を上まわっていましたが、1880年代以降は形勢が逆転。

スコッチのブレンデッドウイスキーブームに押されてアイリッシュの生産量は激減し、最盛期には1200とも1300ともいわれた蒸留所はわずか二つだけとなってしまいました。

なお、同じく詳しくは次章で解説しますが、ブレンデッドウイスキーとは、大麦麦芽（モルト）を原料としたモルトウイスキーと、トウモロコシなどを原料としたグレーンウイスキーとをブレンドしたものです。

ブレンデッドウイスキーは1860年代にスコットランドで考案され、少しずつシェアを伸ばしていきました。そして、1880年代から1890年代にかけて空前のブームとなり、世界のウイスキー市場を席巻したのです。

ところが、1900年前後になって突如バブルがはじけます。ブームに乗じてブレンデッドウイスキーをつくるメーカーが次々と生まれた結果、供給が需要を上まわり、値崩れが起きたのです。これにより多くのメーカーが大打撃を受けました。そんななか頭角を現したのがDCL社です。

DCL社は1877年、スコットランドのローランド地方にあるグレーンウイスキー業者6社によって結成されました。DCL社は、突然のバブル崩壊で経営難に陥ったウイスキーメーカーを次々と買収。増えすぎた業者の数を減らして価格を安定させるなど、業界の立て直しを図りました。

1910年代から1920年代にかけては、スコッチウイスキーの「ビッグ5」と呼ばれていたジョニーウォーカー、デュワーズ、ブキャナンズ、ヘイグ、ホワイトホースの5社を買収し、「DCL帝国」を築き上げます。

1960年代にはスコッチの蒸留所の半数近くがDCL社の傘下となり、「DCLにあらずんばスコッチにあらず」といわれるほどでした。DCL社は資本力にものをいわせて世界各地に進出し、スコッチのブレンデッドを「世界の蒸留酒

DCL社が何かの記念に出した陶器瓶のウイスキー。非常に珍しい。中央の紋章が歴史を物語る。

の王様」へと押し上げることに成功します。世界の一流企業となったDCL社はロンドンの一等地にオフィスをかまえ、重役たちはもれなくロンドン市内の高級住宅街で暮らし、運転手付きのロールスロイスに乗っていたとか。

ウイスキー業界の覇者となったDCL社にとって、アイリッシュウイスキーはもはやライバルではなく、格下の酒にすぎませんでした。ある日の昼食会で、

DCL社の重役はこう述べたといいます。

「アイルランド人というのは、つくづくアイロニーに満ちている。イーニアス・コフィーは、コーヒーという名前なのにウイスキーづくりに一生を捧げ、アイリッシュのためにコフィー・スチルを開発した。しかし、コフィー・スチルはアイリッシュからは見向きもされず、逆に今日のスコッチの繁栄を築くこととなったのだから」

少し解説しておくと、イーニアス・コフィーは連続式蒸留機を発明した人物です。蒸留機（または蒸留器）は英語で「スチル」といい、コフィーが発明した連続式蒸留機は「コフィー・スチル」と呼ばれました。コフィーのスペルはCoffey。コーヒーと同じ発音の名前にもかかわらず、コフィーはウイスキーの発展のためコフィー・スチルを開発します。ところが、アイリッシュウイスキーの関係者からはまったく相手にされませんでした。

コフィー・スチルに目をつけたのはスコットランドのグレーンウイスキー業者

です。コフィー・スチルのおかげでグレーンウイスキーを大量かつ安定して生産できるようになり、これがブレンデッドウイスキーの誕生につながります。

グレーンウイスキーとモルトウイスキーを混和したブレンデッドウイスキーは「飲みやすい」と評判になり、アイリッシュウイスキーは市場から駆逐されてしまいました。DCL社の重役のいうとおり、確かにアイロニーに満ちています。

DCL社の衰退とギネスグループの躍進

栄華を極めたDCL社でしたが、1970年代後半から次第に衰退していきます。ブレンデッド最大の消費地だった北米マーケットが縮小したためです。当時、北米ではヒッピーブームが起きていました。「ラブ&ピース」を提唱し、自然回帰を目指した若者たちは、富と成功の象徴だったスコッチのブレンデッドを敬遠。消費量は右肩下がりとなり、DCL社の業績も振るわなくなりました。

失墜したDCL帝国に目をつけたのがギネスグループです。

ギネスグループは、1759年にビール会社としてスタートしました。創業者のアーサー・ギネスがアイルランドのダブリンでつくる「ギネスビール」は、やがてアイルランドの国民酒となります。

ギネスビールは、世界各国で飲まれている有名な黒ビールですが、アイルランドの人々のギネスビールへの愛は、我々の想像をはるかに超えています。統計によると、アイルランドの国民は1日1人あたり2パイントのギネスビールを飲んでいる勘定になるそうです。

この数字には飲酒できない赤ん坊や子どもも含まれていますから、実際には、成人したアイルランド人は1日3パイント、およそ1・5リットルのギネスビールを飲んでいることになります。また、アイルランドのパブでギネスビールを扱っていない店は1軒もないといわれるほどです。

ギネスビールの成功によりギネスグループは巨大企業へと成長し、1980年代には国際的なコングロマリットになっていました。そのギネスグループが、次のターゲットとして狙いを定めたのがウイスキー業界です。

ギネスグループはその足がかりとして、1985年にスコットランドのブレンド会社アーサー・ベル&サンズ社を買収しています。アーサー・ベル&サンズの代表銘柄「ベル」は当時大変な人気を博しており、ギネスグループの買収は大きなニュースとなりました。ちなみにベルは、今もイギリスで最も飲まれているスコッチの一つです。

ウイスキー業界に進出したギネスグループは、次にDCL社に買収を仕掛けます。ギネスグループとDCL社は、スコッチ業界全体を巻き込んで激しい攻防を展開。なかには違法行為もあったようで、当時のギネスグループの会長アーネスト・ソーンダーズは、インサイダー取引を行った疑惑で買収後に摘発されています。2020年に高視聴率を連発したドラマ『半沢直樹』さながらの、手に汗握るドラマがくり広げられていたのです。

そして1986年、ギネスグループは買収に成功し、110年続いたDCL社の歴史は幕を閉じました。DCL社終焉のニュースを、アイルランドの人々はどのような気持ちで聞いたのでしょうか。

生産量において、かつてアイリッシュウイスキーはスコッチを上まわっていました。しかし、DCL社が繁栄するほどに下落し、「アイルランド人というのはつくづくアイロニーに満ちている」と揶揄される境遇に甘んじなければなりませんでした。

そのアイルランドが誇るギネスグループが、スコッチの象徴ともいえるDCL社を乗っ取ったのです。アイルランドの人々は拍手喝采し、ギネスで乾杯したに違いありません。

シングルモルトブームの原点「クラシックモルトシリーズ」

世界の酒類業界では、ギネスグループによるＤＣＬ社の買収は、１９２０年代に実施されたアメリカの禁酒法に並ぶ大事件とされています。そして、この買収劇によりウイスキーは大きな転換点を迎えるのです。

ギネスグループは１９８７年、ＤＣＬ社の傘下だったスコッチの蒸留所やアーサー・ベル＆サンズなどを統合し、ユナイテッド・ディスティラーズ（ＵＤ）を発足。ＵＤ社は１９８８年に６種類のシングルモルトからなる「クラシックモルトシリーズ」をリリースします。

先述のとおり、ブレンデッドはモルトウイスキーとグレーンウイスキーをブレンドし、瓶詰めしたものです。モルトウイスキーとグレーンウイスキーはそれぞれ数種類から数十種類使われ、そのほとんどは異なる蒸留所でつくられています。複数の原酒を巧みに組み合わせてつくられるブレンデッドは、それまで流通して

1988年にリリースされたクラシックモルト6種。グレンキンチーは現在12年となっている。

いたアイリッシュウイスキーやスコッチのモルトウイスキーに比べて格段に飲みやすく、その洗練された味わいに世界じゅうがとりこになりました。

シングルモルトは、単一の蒸留所のモルトウイスキーだけを瓶詰めしたものです。シングルモルトはブレンデッドに比べて蒸留所や土地の特徴が出やすく、多様な個性を楽しめます。１９８０年代にはほとんど流通しておらず、一般の飲み手には知られていませんでしたが、ＵＤ社は

「ブレンデッドの時代は終わった」とシングルモルトに舵を切ったのです。

発売当初のクラシックモルトシリーズのラインナップは、「ラガヴーリン16年」「タリスカー10年」「グレンキンチー10年」「クラガンモア12年」「ダルウィニー15年」「オーバン14年」の6種類。洋酒業界大手のＵＤ社がシングルモルトを売り出したことで、ほかのウイスキーメーカーもシングルモルトの製造・販売に乗り出し、シングルモルトの存在が広く知れ渡ることになりました。

クラシックモルトシリーズは一部、ビンテージ（熟成年数）は変わっているものの、現在も毎年リリースされています。

今、世界じゅうでシングルモルトブームが起きています。その盛り上がりぶりは、１８８０年代から１８９０年代に起きたブレンデッドブームをはるかにしのぐ勢いです。ギネスグループがＤＣＬ社を買収しなければ、ＵＤ社は発足しなかったでしょう。

ＵＤ社がなければ、クラシックモルトシリーズが世に出ることもなく、シングルモルトに脚光が当たることもなかったかもしれません。そうなっていたら、現在のウイスキーブームも起きておらず、ウイスキー業界はブレンデッドの凋落とともに衰退していた可能性は十分あります。

ウイスキーの現代史は、ギネスグループのDCL社買収からはじまった——。そういっても過言ではありません。

第1章

スコッチとアイリッシュの〝本家〟〝元祖〟争い

ウイスキーの代名詞「スコッチウイスキー」とは

序章で述べたように、スコットランドとアイルランドは歴史的な因縁があり、ウイスキー発祥の地をめぐって争うライバルでもあります。本章では、スコットランドとアイルランドそれぞれの地でウイスキー文化がどのように育まれたのか、その歴史を見ていきましょう。

まずは地理と世界史のおさらいから。イギリスは日本語での正式名称を「グレートブリテン及び北アイルランド連合王国」といい、イングランド、スコットランド、ウェールズ、北アイルランドの四つの地域で構成されています。

スコットランドはイングランドに次ぐ人口、面積をもち、人口はおよそ545万人、面積は約7万9000平方キロメートルです。ちなみに、北海道の人口は約528万人、面積は7万8400平方キロメートル（北方四島を除いて）ですから、北海道とスコットランドはほぼ同じ規模といえます。

イギリスの地図

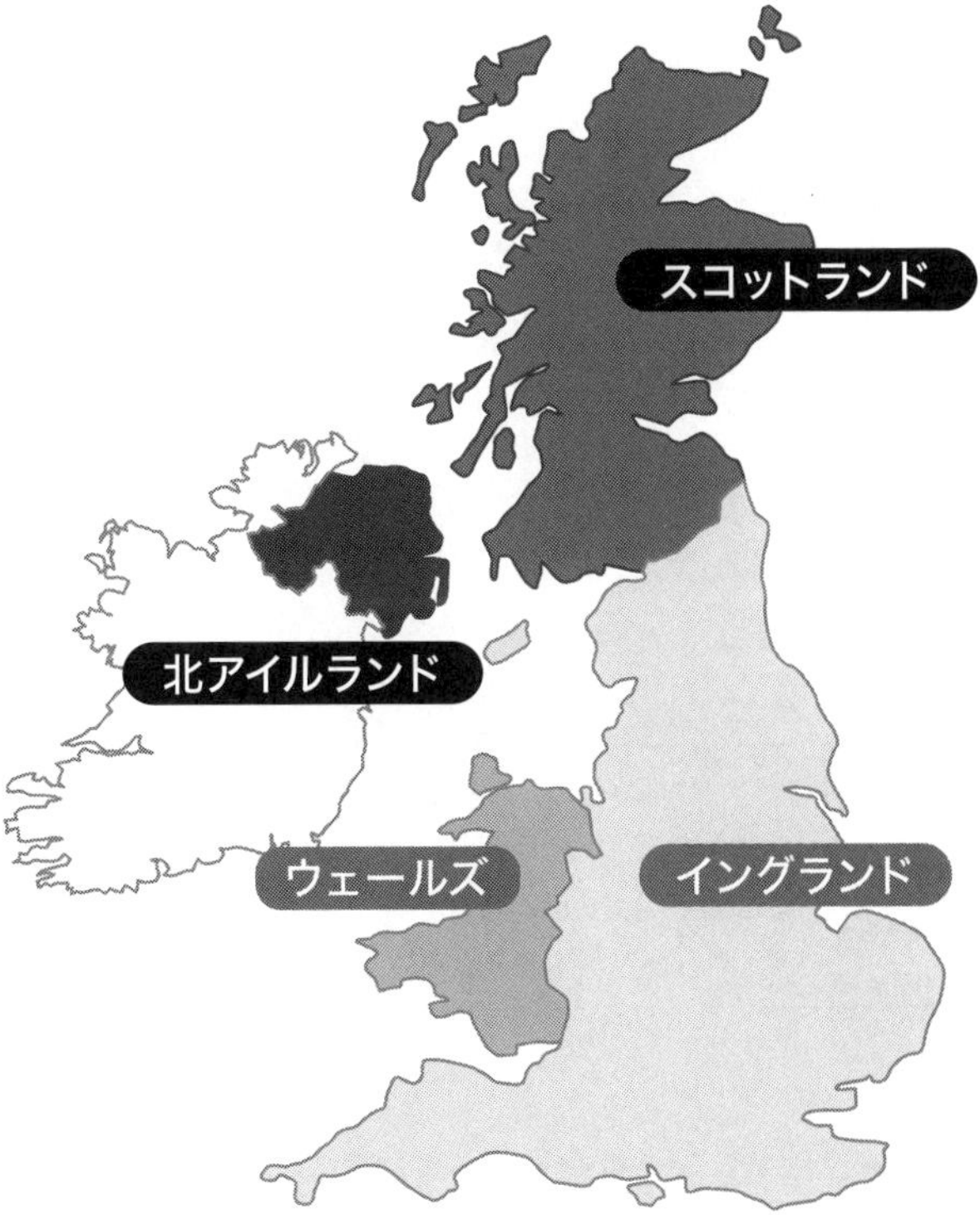
スコットランド
北アイルランド
ウェールズ
イングランド

そのスコットランドでつくられるウイスキーが「スコッチウイスキー」です。イギリスの法律では、スコッチウイスキーは次のように定められています。

《スコッチウイスキーの法定義の概略》

●水とイースト菌と大麦の麦芽のみを原料とする（麦芽以外の穀物の使用も可）
●スコットランドの蒸留所で糖化と発酵、蒸留を行う
●アルコール度数94・8％以下で蒸留する
●容量700リットル以下のオーク樽※に詰め、スコットランド国内の保税倉庫で3年以上熟成させる
●水と（色調整のための）プレーンカラメル以外の添加は認めない
●最低瓶詰めアルコール度数は40％
●シングルモルトウイスキーはスコットランド国内で瓶詰め、ラベリングを行う（樽でのシングルモルトの輸出は認めない）

※オーク材（日本ではナラ材とも呼ばれる）でつくられた樽

この定義からわかるように、同じイギリス国内であっても、北アイルランドやイングランド、ウェールズでつくられたウイスキーをスコッチと呼ぶことはできません。なお、ウイスキーの法定義は国によってさまざまですが、国際基準では、

●穀物を原料とする
●蒸留を行う
●木製容器で熟成する

がウイスキーの三大要件となっています。

スコッチウイスキーはさらに、原料と蒸留方法の違いから、モルトウイスキーとグレーンウイスキーの二つに分けられます。

《製造法の違いによる分類》

●モルトウイスキー

大麦麦芽（モルト）のみを使い、単式蒸留器（ポットスチル）で2回ないし3回蒸留したもの。原料や仕込み、製造工程由来の香味成分が豊富で、独特の個性があることから「ラウドスピリッツ」とも呼ばれます。「ラウド」とは、英語で「声高な」という意味です。スコットランドでもともとつくられていたのは、このモルトウイスキーです。

モルトウイスキーの製造はまず、大麦を製麦（モルティング）して大麦麦芽（モルト）にする工程からはじまります。製麦作業は業者に依頼している蒸留所もあれば、自分たちで行っている蒸留所もあり、さまざまです。次に、大麦麦芽を粉砕して温水を加えて糖化（マッシング）します。糖化してできた液体を麦汁（ウォート）といい、ここまではビールのつくり方とほぼ同じです。

麦汁をろ過・冷却したら酵母を加えて発酵させます。発酵した液体はもろみ

（ウォッシュ）と呼ばれ、もろみを銅製の単式蒸留器（ポットスチル）に入れて2〜3回蒸留します。蒸留したての無色透明の液体はニューポット（ニューメイクスピリッツとも）といいます。ニューポットを木製樽に詰めて熟成させたら、モルトウイスキーの完成となります。

●グレーンウイスキー

トウモロコシや小麦などを主原料に連続式蒸留機で蒸留したもの。モルトウイスキーに比べてアルコール度数が高く、穏やかでクリーンな酒質から、ラウドスピリッツに対して「サイレントスピリッツ」と呼ばれます。

グレーンウイスキーの製造法も、大麦を製麦する工程は同じです。大麦麦芽とそのほかの穀類を粉砕したら、温水を加えて糖化・発酵させます。モルトウイスキーの蒸留には単式蒸留器が用いられますが、グレーンウイスキーは連続式蒸留機（コフィー・スチル等）が使われます。もろみを連続式蒸留機で蒸留したら、木製樽に詰めて熟成させます。グレーンウイスキーは18世紀ころからつくられるようになったといわれています。

モルトウイスキー、グレーンウイスキーは原料、蒸留方法の違いによる分類です。スコッチウイスキーを製品として見た場合、次の5種類に分類できます。

《スコッチウイスキーの製品としての分類》

●ブレンデッドウイスキー

モルトウイスキーとグレーンウイスキーを混合したもの。19世紀半ばに発明されました。代表的な銘柄に、バランタイン、シーバスリーガル、ジョニーウォーカー、カティサーク、ティーチャーズ、ホワイトホース、デュワーズ、オールドパーなどがあります。

●ブレンデッドモルト

グレーンウイスキーを使わずに、複数の蒸留所でつくられたモルトウイスキーを混和したものです。

●ブレンデッドグレーン

モルトウイスキーを使わずに、複数の蒸留所でつくられたグレーンウイスキーを混和したものです。ブレンデッドグレーンはほとんど流通していません。

●シングルモルト

単一（シングル）の蒸留所でつくられたモルトウイスキーのみを瓶詰めしたもの。現在、世界じゅうでブームを起こしているのがこのシングルモルトです。なお、一つの樽（カスク）のウイスキーのみを瓶詰めしたものをとくに「シングルカスク」と呼びます。

代表的な銘柄に、ボウモア、アードベッグ、ラフロイグ、ラガヴーリン、マッカラン、グレンフィディック、ザ・グレンリベット、タリスカー、ハイランドパーク、グレンモーレンジィ、オーヘントッシャン、スプリングバンクなどがあります。

●シングルグレーン

単一（シングル）の蒸留所でつくられたグレーンウイスキーのみを瓶詰めしたもの。シングルグレーンを生産している蒸留所は少なく、ブレンデッドグレーンと同様に、製品化されることはあまりありません。

現在、ウイスキーは世界じゅうでつくられていますが、スコットランド、アイルランド、アメリカ、カナダ、日本でつくられるウイスキーは「五大ウイスキー」と呼ばれます。なかでも突出した存在感を示しているのが、スコットランドです。

詳しくは第3章で説明しますが、スコッチは19世紀後半には「世界の蒸留酒の王様」と称えられるほどになります。そして現在は、スコッチのシングルモルトが世界のウイスキーブームを牽引。スコットランドは名実ともに、ウイスキーの「聖地」なのです。

ではなぜ、スコットランドはウイスキーの聖地たりうるのでしょうか。その一つの答えが、スコットランドの気候風土にあります。スコットランドは夏でも冷涼で年間降水量が少ないため、ウイスキーの主原料である大麦の栽培が昔から盛んです。加えて、ピート（泥炭）が豊富に採取できます。

ピートは植物が枯れて地中に堆積し炭化したもので、スコットランドの蒸留所では伝統的に、麦芽を乾燥させる際はピートを焚きます。この工程がウイスキーに「スモーキー」と呼ばれる独得の風味を与え、スコッチウイスキーの一つの個性となっているのです。

また、スコットランドの冷涼な気候の影響で、ウイスキーの熟成はゆっくりと進みます。ゆっくり進む過程で樽の成分とウイスキーの成分とが渾然一体となり、えもいわれぬ調和を生み出すのです。

「ウイスキーづくりは冷涼な土地で行うべきだ」というのが、これまでのウイスキー業界の常識でした。現在は台湾やインドなどの暑い国でのウイスキーも誕生しており、この常識は変わりつつあるものの、スコットランドがウイスキーづくりにふさわしい土地であることは間違いありません。

生産地ごとに味や香りががらりと変わるのもスコッチの魅力です。モルトウイスキーの生産地は、ハイランド、スペイサイド、アイラ、アイランズ、ローランド、キャンベルタウンの六つに分類され、スペイサイドモルトは香りが華やかでスイート、アイラモルトはスモーキーで個性的、ローランドモルトは軽やかで飲みやすい、といった具合に明確な違いがあります。

好みや気分、シチュエーションにあわせて豊富なラインナップのなかから選べて、そのうえ、飲み比べる楽しさもある。これもまた、スコッチウイスキーが愛されている理由の一つです。

多様性に富む「アイリッシュウイスキー」

続いて、アイルランドとアイリッシュウイスキーについて見ていきましょう。

グレートブリテン島の西側にアイルランド島はあります。面積は約8万4400平方キロメートル、人口はおよそ680万人。

この島には、イギリスの一員である「北アイルランド」と、「アイルランド共和国」の二つの国家が存在します。

アイリッシュウイスキーとは、簡単にいえば、アイルランド島でつくられるウイスキーのことです。法律では次のように規定されています。

《アイリッシュウイスキーの法定義の概略》

- 穀物を原料とし、麦芽に含まれるジアスターゼ（酵素）により糖化する
- 酵母の働きにより発酵する
- 香りと味を引き出せるよう、アルコール度数94・8％以下で蒸留する
- 木製樽に詰め、アイルランド、または北アイルランドの倉庫で3年間以上熟成させる（移動した場合は両方の土地での累計年数が3年以上）

北アイルランドはイギリスに属していますが、アイルランド島でつくられるウイスキーは、北アイルランド産のものも、アイルランド共和国産のものも、右の定義をクリアしていれば、すべてアイリッシュウイスキーと呼ぶことができます。

アイリッシュウイスキーは原料と製法の違いから、モルトウイスキー、グレーンウイスキー、ポットスチルウイスキーの三つに分けられます。細かな違いはあるものの、モルトウイスキーとグレーンウイスキーは、スコッチのそれとほぼ同

じと考えて問題ありません。
一方、ポットスチルウイスキーはアイリッシュウイスキー独自のもので、次のような特徴があります。

《ポットスチルウイスキーの特徴》

- 大麦麦芽だけでなく、未発芽大麦（バーレイ）とそのほかの穀物（ライ麦、小麦、オート麦など）を混合して原料とする
- 単式蒸留器（ポットスチル）で2～3回蒸留する
- 大麦麦芽の乾燥にはピートは使用しない

アイリッシュウイスキーはスコッチウイスキーに比べてクセが少なく、マイルドで飲みやすいといわれますが、これはポットスチルウイスキーによるところが大きいといえるでしょう。

また、ポットスチルウイスキーのおかげで、アイリッシュウイスキーのブレンデッドのバリエーションはスコッチのブレンデッドの4倍になります。スコッチウイスキーのブレンデッドは、「モルトウイスキー＋グレーンウイスキー」の1種類のみ。しかし、アイリッシュウイスキーのブレンデッドは、「モルトウイスキー＋グレーンウイスキー」に加えて、

・モルトウイスキー＋ポットスチルウイスキー
・グレーンウイスキー＋ポットスチルウイスキー
・モルトウイスキー＋グレーンウイスキー＋ポットスチルウイスキー

があり、4種類となります。

ブレンデッドの多様さは、スコッチウイスキーにはない、アイリッシュウイスキーならではの大きな強みです。現在、日本で比較的容易に入手できるアイリッシュウイスキーには、ブッシュミルズやジェムソン、タラモアデューなどがあります。

蒸留技術はキリスト教とともに伝わった

ウイスキーがいつ、どこで、どのようにつくられたのか、その起源ははっきりとはわかっていません。しかしながら、スコットランド、あるいはアイルランドのどちらかでウイスキーが誕生したという説が有力で、スコットランドとアイルランドは、自分たちこそが〝本家〟あるいは〝元祖〟だと主張し、長年論争をくり広げています。どちらにももっともないい分があるのですが、私はおそらく、アイルランドでウイスキーづくりがはじまり、それがスコットランドに伝わったのだろうと考えています。

穀物や果実を蒸留してお酒をつくる技術は、中近東・ペルシャ地域から中国西部のいずれかの地を発祥とする説が有力です。蒸留酒の製造法はやがてヨーロッパのキリスト教諸国にも伝わり、錬金術と合わせて流行・発達しました。また、インドや東南アジアへも伝わり、日本では泡盛や焼酎へと進化していきました。

ヨーロッパで蒸留酒の製法が広まったのは、一つに、キリスト教の影響が大きかったと考えられます。キリスト教では蒸留酒、とくにワインを蒸留したオー・ド・ヴィーが祭祀用としても、医療用としても重宝されていました。キリスト教が各地に浸透するのとともに、蒸留技術も徐々に広まったのでしょう。

キリスト教が伝わったのは、スコットランドよりもアイルランドのほうが先です。聖パトリックがキリスト教布教のためにアイルランドに渡来したのは432年。アイルランド人の聖コロンバが、同じく布教のためにスコットランドに渡ったのは563年です。

地理的にも、アイルランドはスコットランドよりも南に位置していますから、フランスやスペインで広まった蒸留酒の製法が、キリスト教とともにいち早くアイルランドに伝わったと考えるのが自然といえるでしょう。ただし、ほかにも、ヨーロッパの北方からバイキングなどによって蒸留技術がもたらされたとする説もあります。

アイルランドでは、ウイスキーの製法は聖パトリックがキリスト教とともに伝えたといわれていますが、これは伝説の域を出ません。アイルランドでウイスキーがつくられるようになったのは、おそらくはもう少し後世です。残念ながら文書は現存しませんが、1172年、イングランド王ヘンリー2世がアイルランドを侵攻した際の記録に、アイルランドの蒸留酒「ウスケボー」についての報告が書かれていたと伝わっています。

この伝承をふまえると、キリスト教とともに伝わった蒸留の技術をもとに、11世紀ころにはアイルランドの修道院で大麦を主原料とした蒸留酒、つまりはウイスキーの原型「ウスケボー」がつくられるようになっていたと推測されます。それがやがて、スコットランドへと伝わったのでしょう。

ウイスキーについて書かれた現存する最古の文書は、1494年のスコットランド王室財務係の記録です。そこには次のような一文があります。

「王命により修道士ジョン・コーに8ボルのモルトを与えアクアヴィテをつくら

しむ」

アクアヴィテ(aqua vitae)は、ラテン語で「生命の水」を意味し、ウイスキーだけでなく多くの蒸留酒の語源となっています。「生命の水」は、アイルランド、スコットランドの古語であるゲール語では「ウシュク・べーハー」といい、アイルランドでは「ウスカバッハ」「ウスケボー」、スコットランドでは「ウシュケボー」などと呼ばれ、これらが転化して「ウイスキー」になったといわれています。

モルト、つまり大麦麦芽を与えて蒸留酒をつくらせたということは、15世紀にはスコットランドではすでにウイスキーの原型がつくられていたのでしょう。

なお、ウイスキーという言葉が一般的に使われるようになるのは18世紀の前半以降、辞書などに掲載されるようになるのは18世紀後半以降のことです。

不遇の密造酒時代が生んだ「樽熟成」

中世のある時期に、アイルランドからスコットランドへと伝わったであろうウイスキーづくりは、当初はおもに修道院などで行われていました。おそらく、宗教的な儀式や治療などに使われていたのでしょう。

その後、16世紀になって宗教改革が進んでスコットランドの各地で修道院が解体されると、ウイスキーのつくり方が農民たちに伝わります。余った大麦を原料につくることができ、売れば現金を得られるウイスキーは、スコットランドの農民たちにとって、欠かすことのできない生活の糧となり、ウイスキーづくりは徐々に盛んになっていきました。当時の小作農たちが、地主に払う地代をウイスキーで払ったという話もあります。

ただし、このころの「ウイスキー」は、現代のそれとはまったくの別物です。グレーンウイスキーも樽熟成もまだ考案されていません。大麦を蒸留しただけの荒っぽい「地酒」にすぎませんでした。

「樽での熟成」というウイスキーならではの手法が生まれたのは、18世紀になってからです。1603年、スコットランド王ジェームズ6世が、イングランド王ジェームズ1世として即位すると、イングランドとスコットランドは、同じ君主を戴く「同君連合」となります。その後、1707年にイングランドがスコットランドを併合。こうして大英帝国、グレートブリテン王国が誕生します。

イングランドによる併合は、スコットランドの人々にとっては受け入れがたいものでした。二つの地域はもともとの民族も違えば言語も違い、しばしば対立してきました（これは現在も変わりません）。併合にいら立つスコットランドに対して、イングランド政府は火に油を注ぐようなまねをします。スコットランド人の生活の糧であるウイスキーへの課税を恒常化したのです。

イングランドによる併合に反対する人々は、フランスに亡命していたチャールズ・エドワード・ステュアートを担ぎ出し、王位復活をたくらみます。チャールル

カローデンの戦いを描いた19世紀の油彩画。右がイングランド兵で、左がジャコバイト軍。

ズは、1688年の名誉革命でイギリスを追われた国王ジェームズ2世の孫です。反対派はジェームズ2世の直系の血統こそが正当な国王だと主張しました。ジェームズをラテン語読みすると「ジャコブ」となり、ここから、独立派は「ジャコバイト」と呼ばれました。

ジャコバイトたちは1715年から1746年にかけてたびたび反乱を起こしますが(ジャコバイト蜂起)、1746年、スコットランド・インバネス近くのカローデンムーアで決定的な敗北を喫します。これが史上名高い「カローデンムーアの戦い」で、その後、イングランド政府は苛烈な残党狩りを行っただけでなく、バグパイプの演奏やキルトの着用を禁じるなど、文化の弾圧も行いました。さらに、スコットランドの北西に位置し、反対派を多く擁したハイランド地方のウイスキーにも重税を課します。

イングランド政府による残党狩りをからくも生き延びたジャコバイトたちは、山奥へと隠れ住み、ウイスキーの密造をはじめます。密造ウイスキーをつくることは、イングランドへの抵抗の象徴でもありました。

密造者たちは、できあがったウイスキーをエディンバラやグラスゴーへ運んで密売するため、また、政府の摘発の目を逃れるため、ウイスキーを樽に入れて保管するようになります。すると、酒がまろやかに、おいしくなることに気づき、以来、ウイスキーは樽で熟成されるようになったといわれています。本当のところはわかりませんが、ウイスキーの三大要件の一つである「木製容器で熟成する」という製法が、密造酒時代の産物であることは確かなようです。

ジョージ・スミスらが使っていたという密造用スチル。持ち運びができるサイズだ。

「樽に詰めるだけでそんなに味が変わるのか」と疑問に思われる方もいるかもしれません。一般的に、ウイスキーが持つアロマ、フレーバーの6～7割は樽由来のものといわれます。ウイスキーをつくって瓶詰めするまでにかかる時間を100％としたら、ウイスキーは99％の時間を樽のなかですごします。

ウイスキーは樽のなかで少しずつ蒸発しながら不快な香味成分を放出し、反対に酸素や樽から溶け出す成分と混ざり合うことで、まろやかで複雑な味わいを獲得していくのです。木樽での熟成は、ウイスキー史上最大の発見です。また、厳選した大麦麦芽をピート（泥炭）でいぶして乾燥させて、2回蒸留するというスコットランドの伝統的なつくり方が確立されたのもこのころです。

密造酒時代は、スコットランドの人々、とくにハイランド地方の人々にとっては受難の時代でした。しかし、そのつらい状況下で人々はウイスキーづくりをあきらめることなく、さらには、苦境にあったからこそ（あるいはイングランド政府への反発精神から）少しでもおいしいウイスキーをつくろうと工夫をこらしました。ジャコバイト蜂起、そしてそれに続く密造酒時代が、スコッチウイスキー、ひいてはウイスキーの礎を築いたといえるでしょう。

スコッチウイスキーの歴史とともに味わいたい
おすすめウイスキー①

ザ・グレンリベット12年(ダブルオーク)

種類
シングルモルト

アルコール度数
40%

所有者(製造元)
ペルノ・リカール社

問い合わせ先
ペルノ・リカール・ジャパン

歴史・特長

グレンリベットはジョージ・スミスが1824年に創業した蒸留所で、唯一無二ということでザを付けて、ザ・グレンリベットと呼ばれるようになった。密造酒時代を終わらせた政府公認第一号蒸留所で、「ザ・グレンリベットの歴史がスコッチの歴史」といわれる。スペイサイドモルト(P38参照)の代表で、フルーティでスムース。華やかの一語。ストレートがおすすめだ。

スコッチウイスキーの歴史とともに味わいたい
おすすめウイスキー②

グレンフィディック 15年 ソレラリザーブ

種類
シングルモルト

アルコール度数
40%

所有者(製造元)
ウィリアム・グラント & サンズ社

問い合わせ先
サントリー

歴史・特長

グレンフィディックはスペイサイドのダフタウンに 1886 年に創業した蒸留所で、『鹿の谷』の意味を持つ。1963 年からシングルモルトとしてマーケティングを行い、半世紀以上スコッチのシングルモルト世界一の座をキープし続けている。これはシェリー酒を応用した独自のソレラシステムでつくられた 15 年物で、華やかさとフルーティさ、そしてコクが楽しめる。ロックかストレートで。

スコッチウイスキーの歴史とともに味わいたい
おすすめウイスキー③

マッカラン 12年

種類
シングルモルト

アルコール度数
40%

所有者（製造元）
エドリントン・グループ社

問い合わせ先
サントリー

歴史・特長

スペインの酒精強化ワイン、オロロソシェリー樽で熟成させた古典的なスペイサイドモルトで、かつて「シングルモルトのロールスロイス」と絶賛された。レーズンやアンズのようなドライフルーツの香りと、濃厚な甘みが特徴。グレンリベットやグレンフィディックと対極にあるスペイサイドモルトとして人気。食後にストレートで。

スコッチウイスキーの歴史とともに味わいたい
おすすめウイスキー④

ラガヴーリン16年

種類
シングルモルト

アルコール度数
43%

所有者(製造元)
ディアジオ社

問い合わせ先
MHD モエ ヘネシー
ディアジオ

歴史・特長

アイラ島を代表するモルトで、ディアジオ社のクラシックモルトシリーズ6種の一つに選ばれている。ピートのフレーバーが強く、スモーキーで腐葉土のような湿った土の香りもする。それでいてベルベットのような口当たりもあり、一度飲んだらクセになる。かつて紅茶のラプサンスーチョン(正山小種)にもたとえられた。ロック、ハイボールでもいける。

第2章

ブレンデッドからシングルモルトの時代へ

密造ウイスキーから政府公認ウイスキーへ

ジャコバイト蜂起に端を発した密造酒時代は、およそ70年で終わりを告げますが、終盤には、合法的につくられたウイスキーよりも密造ウイスキーのほうが人気を博すという逆転現象が起きました。合法ウイスキーの多くはエディンバラやグラスゴーといった都市部でつくられており、水質は悪く、原材料は粗悪で、樽での熟成も行われていませんでした。

一方の密造ウイスキーは、ハイランド地方をはじめとする田舎でつくられ、良質な水と厳選した原材料が使われていました。さらに樽での熟成も経ており、品質も味も雲泥の差がありました。「密造でもいい。どうせならおいしいウイスキーが飲みたい」と人々は密造ウイスキーをこぞって求め、〝密造〟がなかば公然と流通するようになっていたのです。

時の国王ジョージ4世は、1822年にスコットランドを訪れた際、「俺にグレンリベットを飲ませろ」といったとか。グレンリベットは、当時、一世を風靡していた密造ウイスキーの銘柄です。この逸話の真偽はさておき、密造ウイスキーのおいしさは、ロンドンにいた国王の耳にも届くほど話題になっていたということでしょう。

密造ウイスキーの流通を、政府は指をくわえて見ていたわけではありません。政府は密造の摘発に血眼になり、密告者には報奨金を出すというお触れを出します。しかし、密造者たちのほうが一枚上手でした。密造者たちは古くなった自分の密造設備を、別の密造者のものとして当局に密告。手にした報奨金で自分の設備を新しくし、密造ウイスキーはますます人気となっていったのです。ジョージ4世がスコットランドを訪れたその年、密造摘発件数は1万4000件にものぼりました。

密造撲滅の次なる手段として政府は酒税法の改正に乗り出し、1823年、蒸留業は政府に申請して行う免許制となります。その翌年、政府公認第1号蒸留所となったのが、ジョージ・スミス率いるグレンリベット蒸留所です。スミスの蒸留所があったグレンリベット地区は密造酒づくりの一大中心地で、最盛期には200以上の密造所があったといわれています。そのなかでも、スミスがつくるグレンリベット、通称「スミスのグレンリベット」はとくにおいしいと評判でした。

密造者から政府公認の蒸留所へと鞍替えしたスミスは、かつての密造仲間から裏切り者として扱われます。スミスは何度も命を狙われ、常に2丁の拳銃を携帯していたという逸話が残るほどです。しかし、スミスのグレンリベットが政府公認の蒸留所として成功を収めると、あとに続く密造者が続出。こうして密造酒時代は終わりを迎えたのです。

スコッチを世界に知らしめた「ブレンデッド」が誕生

現在、世界じゅうでシングルモルトがブームとなり、スコッチ＝シングルモルトというイメージを持っている方もいるかもしれませんが、市場に流通するスコッチウイスキーの8〜9割はブレンデッドです。ブレンデッドは19世紀後半に誕生しました。

序章でお話ししたように、1831年、イーニアス・コフィーは連続式蒸留機を発明します。コフィーは母国アイルランドのウイスキーのために連続式蒸留機を発明しましたが、アイリッシュウイスキーの関係者は目もくれませんでした。代わりに飛びついたのがスコッチウイスキーの業者です。

ウイスキーの蒸留には、単式蒸留器と連続式蒸留機が使われます。モルトウイスキーは基本的に銅製の単式蒸留器（ポットスチル）でつくられます。単式蒸留器は、仕込みのたびにもろみ（蒸留前の発酵液）を入れ替えなくてはならず、入れ替えるごとに清掃が必要です。

ウイスキーのようにアルコール度数の高いお酒にするには、蒸留は2〜3回行う必要があり、そのたびに溶液を入れ替えて掃除をするのは手間がかかります。

対するコフィー式の連続式蒸留機は、「連続式」という名が示すように、もろみを入れ替える必要がなく、連続して蒸留できます。単式蒸留器に比べると非常に効率がよいのです。

スコッチウイスキーの関係者、とくにローランドの業者たちは、この連続式蒸留機でグレーンウイスキーを蒸留することを思いつきます。以降、グレーンウイスキーが大量に、なおかつ安価で生産されるようになりました。

これで、ブレンデッドウイスキーに必要なモルトウイスキーとグレーンウイスキーがそろいました。けれど、「ウイスキーを混ぜる」という発想はまだありません。ウイスキーを混ぜるというアイデアを思いついたのは、エディンバラの酒商アンドリュー・アッシャーです。

アッシャーが経営するアッシャー商会は、政府公認第1号の蒸留所となったスミスのグレンリベットの総代理店でした。当時、ウイスキーは樽からの計り売りが一般的で、アッシャー商会もスミスのグレンリベットを樽ごと仕入れ、それを客の要望に応じて計量し、販売していました。

スミスのグレンリベットは一番人気のウイスキーです。ところが、アッシャーのもとには、「前回飲んだスミスのグレンリベットと、今回飲んだスミスのグレンリベットとでは味が違うぞ」というクレームが次々と寄せられます。

これには二つの原因がありました。まず、ジョージ・スミスはグレンリベットに複数の蒸留所を所有しており、自分が所有する蒸留所でつくられたウイスキーはすべてスミスのグレンリベットとして販売していました。

さらに、ウイスキー好きの方ならご存じだと思いますが、同じ材料、同じ製造法で同じ日に蒸留されたウイスキーでも、詰められた樽が違えば、味は変わります。樽の材質、コンディション、熟成庫内で置かれた場所などによって熟成の進み具合が変わってくるからです。

つまり、スミスのグレンリベットといいつつも、その中身は蒸留所も違えば樽も違っていました。これでは味が違うのは当然です。けれども、人々はそうとは知りません。結果として、クレームが相次いだのでした。

クレームをなんとかしようと悩んだアッシャーは、スミスのグレンリベットを複数混ぜ合わせ（ヴァッテッド）、味を均質にするという方法をひらめきます。1853年、アッシャーが「アッシャーズ・オールド・ヴァッテッド・グレンリベットウイスキー」をリリースすると、またたく間に大ベストセラーになりました。

複数のウイスキーを混ぜ合わせるというアッシャーのアイデアは、ウイスキー業界に革新をもたらしました。しかし、すぐにブレンデッドウイスキーが誕生したわけではありません。このころはまだ、モルトウイスキーと、異なる蒸留所のグレーンウイスキーとを混ぜることは、酒税法で禁じられていたからです。

この酒税法が改正となったのは1860年。異なる蒸留所のモルトウイスキーと、グレーンウイスキーとを保税倉庫（熟成庫）内で混ぜることが認められ、ついにブレンデッドウイスキーが誕生したのです。

アッシャーはもちろんのこと、多くの業者がブレンデッドウイスキーという新しいスタイルのウイスキーをこぞって製造しました。グレーンウイスキーを混ぜたブレンデッドウイスキーは、従来のモルトウイスキーよりも飲みやすく上品で、さらに安価な点がうけ、スコットランドはもとよりロンドンの貴族・紳士階級でもたしなまれるようになりました。

アッシャーズが 19 世紀に出したアッシャーズ・オールド・ヴァッテッド・グレンリベット。

ピョートル大帝も賞賛したアイリッシュウイスキー

スコットランドよりも早くウイスキーづくりがはじまったと考えられるアイルランドでも、蒸留酒づくりは長らく教会を中心に修道士たちの手で行われていました。それが民間に移行したのは、スコットランドと同じ16世紀ころと考えられています。当時のアイルランドでは、ウイスキーは蒸留したてをそのまま飲むか、あるいは、干しブドウやそのほかの果実、ハーブ、香料などで味つけして飲むのが一般的でした。

１６４９年、アイルランドはイングランドの植民地になります。１６６１年にはアイリッシュウイスキーへの課税もはじまり、以降、アイルランドでつくられるウイスキーは公認（パーラメントウイスキー）と密造（ポチーン）に分かれました。公認と密造がそれぞれ切磋琢磨したおかげでしょうか、アイリッシュウイスキーのおいしさは国外にも知られるようになり、ロシアのピョートル大帝は

「すべての酒のうちでアイルランド産が最高である」と賞賛したとか。

18世紀になって科学が発達し製造面でも近代化が進むと、アイリッシュの認知度は次第に高まっていきます。1757年には、ダブリン（現在のアイルランド共和国の首都）にトーマスストリート蒸留所、中部の宿場町キルベガンにブルスナ（現・キルベガン）蒸留所が誕生しています。この二つが、記録に残るアイルランド最古の蒸留所です。このころにはアイルランド全島に数百の小規模蒸留所があったと推測されます。

アイリッシュウイスキーがブームの兆しを見せるなか、1780年にダブリンにボウストリート蒸留所が設立されると、これを機に大型蒸留所が次々と誕生。1791年にはジョンズレーン蒸留所、1799年にマローボーンレーン蒸留所が創業し、これら三つの蒸留所は、先のトーマスストリート蒸留所とともに「ダブリンのビッグ4」と呼ばれました。

大麦麦芽と未発芽大麦、そのほかの穀物を加え、ポットスチルで3回蒸留するアイリッシュ特有の製造法が発展・確立したのもこの時期です。19世紀前半、スコットランドではまだブレンデッドは誕生していません。スコッチ＝モルトウイスキーであり、味はかなり荒々しく、洗練とはほど遠いものでした。

一方、3回蒸留したポットスチルウイスキーは苦みや渋み、荒々しさが取り除かれ、反対に香味は豊か。スコッチよりもはるかに飲みやすくなっていました。さらに、生産施設の大規模化が進んで品質が安定するようになり、アイリッシュウイスキーの評価はスコッチのそれを大きく上まわるようになったのです。

英国人ジャーナリストのアルフレッド・バーナードは、1887年に出版した『THE WHISKY DISTILLERIES of the United Kingdom』のなかで、アイルランドの28の蒸留所とスコットランドの129の蒸留所を紹介しています。

同書によると、当時の蒸留酒の年間生産量は、スコットランドが4500万リットル強（100％アルコール換算）だったのに対し、アイルランドは2800万弱。総量はスコットランドの6割程度ですが、1蒸留所あたりの生産量で比べてみると、スコットランドの1蒸留所が平均35万リットルなのに対して、アイルランドの1蒸留所が99万リットルと、アイルランドの蒸留所が3倍もの生産量を誇っていたことがわかります。

なかでもダブリンのビッグ4の生産量はずば抜けており、ジェムソンで知られるボウストリート蒸留所の年間生産量は450万リットルを超えていたという統計が残っています。19世紀半ばころまでは、世界のウイスキーづくりの中心はアイルランドだったのです。

スコッチとアイリッシュの覇権争い

1860年にスコットランドでブレンデッドウイスキーが誕生すると、アイリッシュウイスキーとブレンデッドウイスキーとの競争が激しくなります。そんななか起きたのが「ウイスキー論争」です。

イーニアス・コフィーが連続式蒸留機を発明し、グレーンウイスキーがつくられるようになると、スコットランドの一部のモルトウイスキー業者たちが「グレーンウイスキーはまがいものである」との主張をはじめました。

グレーンウイスキーがまがいものならば、それを混ぜたブレンデッドウイスキーも当然まがいものということになります。ブレンデッドウイスキーの台頭に危機感を覚えていたアイリッシュウイスキーの業者たちも、モルトウイスキー業者の主張を支持。反グレーンウイスキー、反ブレンデッドキャンペーンを共同で行いました。

この論争はやがて裁判へと発展します。一審ではモルトウイスキー業者とアイリッシュウイスキー業者の主張が認められ、「連続式蒸留機による酒はウイスキーではない。スコッチウイスキーの原料はモルト（大麦麦芽）でなければならない」とする判決が出されました。

もちろんグレーンウイスキー業者たちも黙ってはいません。グレーンウイスキー側は上告しますが、棄却されてしまいます。そこで、グレーンウイスキー側は、裁判所の上位機関である王立委員会に控訴。1909年になってようやく、「単式蒸留器で蒸留したものも、連続式蒸留機で蒸留したものも、ともにウイスキーと認める」との決定が下され、半世紀近くにおよんだウイスキー論争がようやく決着したのです。

このときグレーンウイスキー業者を率いてモルトウイスキー業者とアイリッシュウイスキー業者に真っ向から対抗したのが、序章で取り上げたDCL社でした。

1880年代から1890年代にかけて、スコッチのブレンデッドはコニャックやブランデーに並ぶ世界的な蒸留酒となりました。この時期、スコットランドには40~50の新しい蒸留所が誕生しています。19世紀後半はスコットランドに起業家（アントレプレナー）が次々と誕生する「アントレプレナーの時代」と呼ばれます。ジョニーウォーカー、バランタイン、シーバスリーガル、デュワーズ、ベル、ブキャナンズ、ホワイトホースなど、今日まで続くスコッチ・ブレンデッドのビッグブランドは、いずれもこのころに誕生しています。

このようにブレンデッドの猛追を受けながらも、アイリッシュはアメリカという巨大なマーケットを有していたこともあって、1890年代まではスコッチより優位な立場にありました。しかし、1900年ころにピークを迎えて以降は失墜し、ついにはウイスキー市場から消えてしまいます。

アイルランド独立戦争とアイリッシュの衰退

アイリッシュウイスキーが衰退した理由は大きく三つあります。一つは、スコッチのブレンデッドの誕生です。ブレンデッドが誕生する以前、アイリッシュウイスキーはスコッチのモルトウイスキーよりも軽く飲みやすく、ゆえに人気を博しました。ところが、後発のブレンデッドに比べると重く、製造コストも高かったことから、次第にブレンデッドに押されるようになります。

そこに、アイルランドの独立戦争、アメリカ市場でのシェア激減という二つの不運が重なります。1916年、イギリスからの独立を目的とした共和主義者たちが武装蜂起します（イースター蜂起）。蜂起軍は1週間ほどでイギリス軍に無条件降伏しますが、蜂起軍のリーダー格だった16名は処刑されました。

これがアイルランド人の愛国心を刺激し独立運動は激しさを増し、第1次世界大戦直後の1919年から1921年にかけて、イギリスとの間で独立戦争が勃発します。

独立派はアイルランド共和国の樹立を宣言し、イギリス軍と激しい戦いをくり広げました。ダブリンでも市街戦が起こり、「ダブリンのビック4」と称されたトーマスストリート蒸留所、ボウストリート蒸留所、ジョンズレーン蒸留所、マローボーンレーン蒸留所が生産停止に追い込まれました。

その後、イギリスが自治領としてアイルランド自由国の建国を認めたことで、独立戦争は終結します。ただし、アイルランド自由国は南部の26州で構成され、北アイルランドの6州は自由国には参加しませんでした。こうしてアイルランドは、北と南とで分断されることになったのです。

アイルランド自由国に対して、イギリスは報復措置をとりました。当時、イギリスは大英帝国としての最盛期を迎えており、その商圏はカナダ、アフリカ、インド、オーストラリア、ニュージーランドにおよんでいました。イギリスはその商圏から、アイリッシュウイスキーを締め出したのです。

大英帝国の広大なマーケットを失ったアイリッシュウイスキーは、次にアメリカ市場も失います。詳しくは3章で説明しますが、1920年から1933年にかけてアメリカでは禁酒法が施行され、アメリカでのアイリッシュのシェアが激減。アメリカがおもな輸出先だったアイリッシュウイスキーにとって、これは大きな痛手となりました。

1939年に第2次世界大戦がはじまると、スコッチとアイリッシュの差はさ

ダブリンのオコンネル通りには、独立運動の主導者だったオコンネルの像が建っている。

らに広がります。戦時下、アイルランド自由国は国内消費分を確保するため、アイリッシュウイスキーのアメリカへの輸出を禁止。対してスコットランドは、外貨獲得と国内産業の保護のため、アメリカへの輸出を推進しました。

当時、アメリカは禁酒法の影響で国内のウイスキー産業が衰退しており、アメリカ兵たちに配給されたウイスキーはもっぱらスコッチでした。結果として、スコッチを飲み慣れたアメリカ兵たちは戦後もスコッチを愛飲するようになり、スコッチウイスキーがアメリカ市場を席巻。アイリッシュウイスキーはアメリカ市場ナンバーワンの座をスコッチに奪い取られてしまいます。

1949年、アイルランド自由国は国名をアイルランド共和国に改め、同時にイギリスから脱退し完全な独立国となりました。しかし、アイリッシュウイスキー産業が盛り返すことはなく、蒸留所は次々と閉鎖。そんなアイリッシュウイスキーの凋落ぶりを見て、DCL社の重役が、「アイルランド人というのは、つくづくアイロニーに満ちている」と皮肉をいったことは、序章でお話ししたとおりです。

最盛期には1200とも1300ともいわれたアイリッシュウイスキーの蒸留所は、1980年代にはミドルトン蒸留所とブッシュミルズ蒸留所の二つのみになっていました。当時のスコッチの年間総売り上げが約1億ケース（1ケースは750ミリリットルボトル×12本）だったのに対して、アイリッシュはわずか1

00万ケースとスコッチの100分の1にまで落ち込み、アイリッシュはスコッチに大きく水をあけられてしまったのです。

アイルランドのギネスビールがDCL社を買収したのが1986年ですから、まさにアイリッシュがどん底の時代に、あの買収劇が起きたわけです。1980年代には、かつて「DCL帝国」と称されたDCL社も斜陽となっていましたが、それでもアイルランドの人々は一矢報いた気持ちになったに違いありません。

ブレンデッドからシングルモルトへ

アイリッシュに大きく差をつけたスコッチウイスキーも、万事順調だったわけではありません。1920年代はアメリカの禁酒法と第1次世界大戦の影響で、1930年代〜1940年代にかけては第2次世界大戦の影響で、蒸留所が次々と閉鎖になりました。

第2次世界大戦後、スコッチのブレンデッドはアイリッシュウイスキーから世界一の座を完全に奪い取ることに成功し、1960年代〜1970年代にかけて多くのウイスキーメーカーが施設拡張や生産規模強化に取り組みましたが、1980年代になると一転して不況に陥ります。かつては「世界の蒸留酒の王様」と称され、成功と名誉の象徴として飲まれてきたスコッチのブレンデッドも、いつしか〝時代遅れ〟になっていたのです。

そうした消費者の嗜好の変化をいち早く察したのがギネスグループでした。序章でも触れたように、ギネスグループはDCL社を買収した翌年にUD（ユナイテッド・ディスティラーズ）社を発足し、1988年に6種類のシングルモルトからなる「クラシックモルトシリーズ」をリリースします。

これを機に、シングルモルトを扱うメーカーが急増。スコッチ全体は不況ながらも、シングルモルトの消費量だけが伸び続けるという状況が2000年代に入るまで続きました。

アイリッシュウイスキーの歴史とともに味わいたい
おすすめウイスキー①

ブッシュミルズ 10年

種類
シングルモルト

アルコール度数
40%

所有者（製造元）
ホセ・クエルボ社

問い合わせ先
アサヒビール

歴史・特長
ブッシュミルズは北アイルランドのアントリム州にある蒸留所で、創業は1608年と世界最古を誇る。伝統的な3回蒸留で、ノンピートのモルトウイスキーをつくる。シングルモルトは10年、12年、16年、21年などがある。スコッチに比べて軽やかでクセもなく、口当たりも滑らか。蜂蜜やバニラ、メープルシロップのような甘みも。ロック、ストレート、ハイボールなどお好みで。

アイリッシュウイスキーの歴史とともに味わいたい
おすすめウイスキー②

レッドブレスト12年

種類
シングルポットスチル

アルコール度数
40%

所有者（製造元）
ペルノ・リカール社

問い合わせ先
ペルノ・リカール・ジャパン

歴史・特長

南のミドルトン蒸留所がつくるアイリッシュ独特のポットスチルウイスキーで、レッドブレストとは胸のところが赤いコマドリのこと。原料に大麦と大麦麦芽を使い3回蒸留を行うことで、穀物様の甘いフレーバーとハーブ、そして果物の盛り合わせのような魅惑的な香味を実現させている。通好みの1本。ロック、トワイスアップがおすすめか。

第3章

アメリカンウイスキーの歴史

独自の進化を遂げた「アメリカンウイスキー」

アイルランドあるいはスコットランドではじまったウイスキーづくりは、やがてアメリカ、そしてカナダへと伝わります。その歴史を追う前に、まずはアメリカンウイスキーの定義を確認しておきましょう。アメリカンウイスキーは、アメリカでつくられるウイスキーの総称です。法律では次のように定められています。

《アメリカンウイスキーの法定義の概略》

- 穀物類を原料とする
- アルコール度数95％（アメリカの単位で190プルーフ）以下で蒸留する
- オーク樽で熟成させる（ただしコーンウイスキーは必要なし）
- アルコール度数40％（80プルーフ）以上で瓶詰めする

アメリカンウイスキーにはさまざまな種類があり、一般に流通しているものにバーボンウイスキー、ライウイスキー、コーンウイスキーなどがあります。

《アメリカンウイスキーのおもな種類》

●バーボンウイスキー

原料の51％以上がトウモロコシで、アルコール度数80％（160プルーフ）以下で蒸留後、内側を焦がしたオークの新樽に62・5％（125プルーフ）以下で樽詰めして熟成させたもの（製造はアメリカ合衆国内に限る）。2年以上熟成させたものをストレートバーボンウイスキーといいます。

バーボンウイスキーのうち、ケンタッキー州でつくられ、最低1年以上熟成させたものはケンタッキーバーボンを名乗ることができます。バッファロートレース、フォアローゼズ、ワイルドターキー、ジムビーム、メーカーズマークなどはケンタッキーバーボンです。

テネシー州でつくられ、蒸留直後にチャコールメローイング製法（サトウカエデの炭で時間をかけてろ過する製法）を行ったウイスキーは、とくにテネシーウイスキーと呼ぶことが許されています。黒地に白い文字のラベルでおなじみのジャックダニエルはテネシーウイスキーです。

●ライウイスキー
原料の51％以上がライ麦で、アルコール度数80％（160プルーフ）以下で蒸留後、内側を焦がしたオークの新樽に62・5％（125プルーフ）以下で樽詰めして熟成させたもの。2年以上熟成させたものをストレートライウイスキーといいます。

●コーンウイスキー
原料にトウモロコシ（コーン）を80％以上使用し、アルコール度数80％（16

0プルーフ）以下で蒸留したもの。古樽か、内側を焦がしていないオークの新樽に62・5％（125プルーフ）以下で樽詰めし、2年以上熟成させたものはストレートコーンウイスキーと呼ばれます。

アメリカンウイスキーはほかに、ホイートウイスキー、モルトウイスキー、ライモルトウイスキー、ブレンデッドウイスキー、シングルモルトなどがあり、種類の多さは五大ウイスキー随一です。

次節でお話ししますが、アメリカでウイスキーの製法を広めて基盤を築いたのは「スコッチ・アイリッシュ」と呼ばれる人々です。スコッチ・アイリッシュはスコットランドから北アイルランドへと移住し、その後アメリカへと流入した人々で、その点でいえば、アメリカンウイスキーはスコッチウイスキーとアイリッシュウイスキーの傍流といえるかもしれません。

しかし、アメリカンウイスキーは独自の進化を遂げ、スコッチともアイリッシュとも違う特徴を持っています。たとえば、スコットランドでもアイルランドでも仕込みには軟水が使われることが多いのに対して、バーボンウイスキーは「ライムストーンウォーター」と呼ばれる、ややアルカリ性の硬水が使われます。アルカリ性の水は原料の糖化（大麦のデンプンを糖類に変える工程）・発酵がしにくいため、蒸留の際に出る酸度の強い廃液を加えて調整します。これをサワーマッシュ方式といい、バーボン独得の方法です。

熟成に使用される樽も大きく異なります。アメリカンウイスキーの熟成には基本的にオークの新樽が用いられます。一方、スコッチウイスキーやアイリッシュウイスキーでは、新樽が使われることはほとんどありません。バーボンやシェリー、ワインなどほかのお酒を詰めたあとの樽が使われます。アメリカンウイスキーに共通するバニラをほうふつとさせる華やかな香りと力強い味わいは、こうした独自の製法によって生み出されているのです。

スコッチ・アイリッシュとは？

アメリカ大陸はかつてイギリスやスペイン、フランスなどの支配下にあり、17世紀には西ヨーロッパからの移民が数多く入植しました。イギリスからの移民のうち、北アメリカにいち早く入植したのはイングランド人です。

同じイングランド人でも、英国国教会派や貴族の子弟たちはバージニアへ、ピューリタンたちはマサチューセッツへという具合に、宗教や身分によって入植エリアは異なっていました。

なお、英国国教会はキリスト教の教派の一つで、イギリス国王を首長としています。ピューリタンも同じくキリスト教の一教派ですが、教義の違いから英国国教会から弾圧を受けていました。日本語では「清教徒」と訳されます。

北アメリカはアイルランドからの移民も多く、こちらはおもに二つのグループに分かれます。一つは18世紀に入植したキリスト教プロテスタント系の「スコッチ・アイリッシュ」の人々、もう一つはキリスト教カトリック系の人々です。入植時期はスコッチ・アイリッシュのほうが先で、アイルランド・カトリックの人々がアメリカに大挙して移住したのは、1845年から1849年ころにかけて起こった「ジャガイモ飢饉」の時期です。飢饉による餓死者は100万人、この時期の移住者は100万人以上といわれています。

アイルランド・カトリックとともに「アイルランド系移民」とひとくくりにされることが多いスコッチ・アイリッシュですが、そのルーツはスコットランドにあります。スコッチ・アイリッシュは17世紀にスコットランドから北アイルランドへと移住し、アルスター地方を開拓してベルファストを中心とした工業都市を築きます。ベルファストはかつて世界の重工業の中心地として栄え、あの「タイタニック号」がつくられた土地でもあります。

北アイルランドへ移住したスコッチ・アイリッシュは、18世紀になると再び新天地を求め、アルスター地方からアメリカへと移動します。入植したのは、先住移民が少ないペンシルベニア州やメリーランド州、デラウェア州、バージニア州などでした。スコッチ・アイリッシュは農業のかたわらライ麦や大麦などを原料にウイスキーづくりに取り組み、ウイスキーはやがてアメリカを象徴するお酒へと発展します。

アメリカ独立戦争とスコッチ・アイリッシュ

移民による開拓が進むアメリカで、1775年、イギリス本国とアメリカ東部沿岸の13植民地との間に戦いが起こります。アメリカ独立戦争です。翌1776年に独立派（愛国派）はアメリカ独立宣言を採択します。

独立軍はフランスをはじめとする列国の支援を受け、1781年、ヨークタウンの戦いで決定的な勝利をおさめます。独立軍に敗れたイギリスは、1783年のパリ条約において13植民地がアメリカ合衆国として独立することを承認。さらに、ミシシッピ川以東のエリアの領有権を合衆国へ譲渡しました。

アメリカ独立戦争で独立軍の総司令官を務め、1789年に初代大統領に就任したジョージ・ワシントンはイングランド人です。そして、彼の指揮のもと前線で戦ったのがスコッチ・アイリッシュでした。独立戦争では、兵士たちは過酷な戦いに加えて寒さと飢えにも苦しんだといわれています。そこでワシントンはミクターズ蒸留所のウイスキー「ミクターズ」を振る舞い、兵士たちはそれを飲んで暖をとったとか。

この逸話から、ミクターズは「建国のウイスキー」と呼ばれています。ミクターズは長らく製造・販売されていませんでしたが、近年になって復活を果たしました。興味がある方は飲んでみてはいかがでしょうか。

なお、アメリカ独立宣言の草稿は、スコットランドの「アーブロース宣言」を参考にしてつくられたという説があります。

14世紀初頭、スコットランドはイングランドの統治下にありました。1314

ポトマック川を見下ろすマウントバーノンの高台にあるジョージ・ワシントンの邸宅。

年、スコットランド王ロバート・ザ・ブルースがエドワード2世率いるイングランド軍を破り、スコットランドはイングランドの支配から脱します。

そして、1320年、スコットランドはイングランドからの独立を宣言。このときに書かれたのがアーブロース宣言です。そこには、「我々が戦うのは富や名誉や栄光のためではなく自由のためである。いかなる犠牲を払っても独立のための戦いはやめない」といった文言が記されています。

アメリカ独立宣言にある「すべての

人間は平等につくられていて、生命、自由、幸福を追求する権利がある」という内容や、「それらの権利のために戦う権利もある」との文言は、先のアーブロース宣言が下敷きになっていると指摘されています。スコッチ・アイリッシュとスコットランドは、アメリカの建国の歴史に深く関わっているのです。

独立戦争のさなかに兵士たちがミクターズを飲んでいたというエピソードからもわかるように、18世紀後半は合衆国内でウイスキーづくりが広がりつつありました。移民のジェームズ・ペッパーは、1780年にバージニア州に蒸留所を建て、ライ麦などを原料としたウイスキーを製造しています。

1789年には、スコットランド系移民の牧師エライジャ・クレイグが、ケンタッキー州のジョージタウン（当時はバージニア州）においてウイスキーをつくっています。クレイグがつくっていたウイスキーは、ジョージタウンの主要農作物だったトウモロコシを主原料としていました。このためクレイグは「バーボンの祖」と呼ばれています。

ウイスキー戦争とバーボンの発展

独立戦争で勇猛果敢に戦ったスコッチ・アイリッシュは、アメリカ独立の立役者といえるでしょう。しかし、大統領に就任したジョージ・ワシントンは、その恩を仇で返します。独立戦争が原因で逼迫した経済を立て直すため、1791年、ウイスキーに重税を課したのです。スコッチ・アイリッシュにとってこれほどひどい裏切りはありません。

スコッチ・アイリッシュは各地で反対運動を起こし、1794年には暴動に発展します。俗にいう「ウイスキー戦争」です（ウイスキー反乱、ウイスキー税暴動などとも呼ばれます）。「戦争とは大げさな」と思われる方もいるかもしれませんが、独立戦争当時にワシントンが率いた軍隊は約1万2000人。対して、ワシントンが暴動鎮圧のために派遣した軍隊は1万5000人でした。蜂起の規模の大きさがわかるはずです。

結局、暴動は数か月で鎮圧されました。反乱の首謀者に対してワシントン大統領は寛大な処置をとっています。これは、独立戦争をともに戦った者たちへの大統領なりの罪ほろぼしだったのかもしれません。

また、ワシントンは晩年、ウイスキー蒸留所を建てています。スコッチ・アイリッシュは、ウイスキーに重税を課したワシントンがウイスキー蒸留所を建てたと知ったとき、どのような思いを抱いたのでしょうか。果たして、ワシントンのウイスキーを飲むことはあったのでしょうか。

ワシントンの蒸留所は、現在は博物館および稼働蒸留所として一般に公開されており、売店では、当時のレシピを忠実に再現したウイスキーが売られています。レシピを見ると、ワシントンがつくっていたウイスキーは、いまでいうライウイスキーに近いものだったようです。

ウイスキー戦争に前後して、スコッチ・アイリッシュの農民たちは重税から逃れるため、アパラチア山脈を越えてテネシー州やケンタッキー州へ向かいました。

当時のアメリカ合衆国において、アパラチア山脈より西のエリアは〝外国〟です。アパラチア山脈を越えるルートも確立されておらず、アパラチア山脈越えは大変な困難をともなったに違いありません。

苦労の末にたどり着いたテネシー州やケンタッキー州は、トウモロコシの栽培が盛んな土地でした。ケンタッキー州では先述の「バーボンの祖」ことエライジャ・クレイグによりすでにバーボンづくりがはじまっていましたが、多くのスコッチ・アイリッシュが加わることでますます発展し、ケンタッキー州はやがてバーボンの故郷として名を馳せるようになります。

ジョージ・ワシントンの肖像画があしらわれたマウントバーノンの限定ウイスキー。

また、テネシー州でもウイスキーづくりの基盤が確立されていきました。

ちなみに、バーボンという名称は、フランスのブルボン朝に由来します。アメリカ独立戦争の際、フランスのブルボン王朝は13植民地を支援しました。第3代大統領トーマス・ジェファーソンは、フランスに感謝の意を表してケンタッキー州内の郡の一つを「バーボン（ブルボン）」と命名。ケンタッキー州内でつくられたウイスキーはおもにバーボン郡の港から出荷されたため、「バーボン」ウイスキーと呼ばれるようになったといわれています。

ただ残念ながら、バーボン郡には長い間ウイスキーの蒸留所は一つもありませんでした。しかし近年のクラフトウイスキーブームで、バーボン郡にもクラフト蒸留所が誕生しています。

ここまで見てきたように、スコッチ・アイリッシュ系はアメリカ社会に大きな影響を与えてきました。その影響力はアメリカ合衆国の〝中枢〟にもおよんでおり、スコッチ・アイリッシュはアメリカ大統領を多数輩出しています（次ページの表参照）。

ドナルド・トランプ前大統領は第45代ですから、半数近くがスコッチ・アイリッシュということになります。アメリカ社会で〝勝ち組〟になるにはWASP（White, Anglro-Saxon, Protestantの頭文字をとった略称）であることが条件だとよくいわれますが、スコッチ・アイリッシュもまた、大きな勢力を有しているのです。

ちなみに先ごろ就任した第46代大統領ジョー・バイデン氏の祖先はアイルランド出身。こちらはアイリッシュ系カトリックで、ジョン・F・ケネディ大統領につぐ二人目となります。アイルランド西部のコノート地方から、19世紀半ばにペンシルベニアのフィラデルフィアに移民したといわれています。

《スコッチ・アイリッシュのアメリカ大統領》

第7代大統領　アンドルー・ジャクソン
第15代大統領　ジェームズ・ブキャナン
第17代大統領　アンドルー・ジョンソン
第18代大統領　ユリシーズ・グラント
第21代大統領　チェスター・アーサー
第22代および
第24代大統領　グローバー・クリーブランド
第23代大統領　ベンジャミン・ハリソン
第25代大統領　ウィリアム・マッキンリー
第26代大統領　セオドア・ルーズベルト
第27代大統領　ウィリアム・ハワード・タフト
第28代大統領　ウッドロー・ウィルソン
第29代大統領　ウォーレン・ハーディング
第33代大統領　ハリー・トルーマン
第37代大統領　リチャード・ニクソン
第39代大統領　ジミー・カーター
第40代大統領　ロナルド・レーガン
第41代大統領　ジョージ・ブッシュ
第42代大統領　ビル・クリントン
第43代大統領　ジョージ・W・ブッシュ
第44代大統領　バラク・オバマ

出典：『アメリカを動かすスコッチ=アイリッシュ――21人の大統領と「茶会派」を生みだした民族集団』越智道雄／明石書店より

Whisky と Whiskey ――スペルの違いの秘密

すでに述べたように、スコッチ・アイリッシュが広め、土台を築いたアメリカンウイスキーは、スコッチウイスキーともアイリッシュウイスキーとも違う、独自の個性を持っています。しかしながら、スコッチとアイリッシュそれぞれの名残を感じられる側面があります。〝ウイスキー〟の表記です。

アメリカンウイスキーのラベルを見ると、「whisky」と「whiskey」の二つがあることに気づくはずです。たとえば、メーカーズマークやアーリータイムズのラベルは whisky、ワイルドターキー、ジムビーム、フォアローゼズ、ジャックダニエルは e を加えた whiskey となっています。なお、合衆国の法律用語では whisky が採用されています。

whisky も whiskey も、どちらもゲール語の「ウシュク・ベーハー」などから転化した語で、e が入っていてもいなくても間違いではありません。ただ、19世紀末に出版されたアイリッシュウイスキー業者による広報誌『TRUTH ABOUT WHISKY』に、「スコッチのブレンデッドウイスキーと一線を画すために、以後アイルランドでつくられるものには『whiskey』を用いる」との記述があり、これ以降アイリッシュではeを用いたウイスキーのつづりが主流となりました。一方、スコッチ、カナディアン、ジャパニーズでは一般的にwhiskyが使われます。

アメリカンウイスキー業界でwhiskyとwhiskeyが混在しているのは、創業者がスコットランド系移民のメーカーはwhiskyを、アイルランド系移民のメーカーはwhiskeyを使ったからではないでしょうか。では、スコットランドから北アイルランド、そしてアメリカへと渡ったスコッチ・アイリッシュたちはどちらを用いたのか。

確証はありませんが、ルーツはスコットランドにあるため心情的にはwhiskyを使いたいと思いつつも、アメリカでは「アイルランド系移民」と見なされていたことからwhiskeyを選んだのではないかと推測します。

アメリカンウイスキーの歴史とともに味わいたい
おすすめウイスキー①

ミクターズ US★1 バーボンウイスキー

種類
バーボンウイスキー

アルコール度数
45.7%

所有者（製造元）
ミクターズディスティラリー社

問い合わせ先
ウィスク・イー

歴史・特長

もともとアメリカ東海岸のペンシルベニア州にあった蒸留所で、アメリカの独立戦争の時、ワシントン将軍が兵士に振る舞った酒としても有名。そのためアメリカ建国のウイスキーともいわれる。現在はケンタッキー州に蒸留所を新設し、そこで伝統のバーボンウイスキーをつくっている。コクのあるテイストが持ち味で、ロックがおすすめ。

アメリカンウイスキーの歴史とともに味わいたい
おすすめウイスキー②

マイナーケース・ライウイスキー

種類
ライウイスキー

アルコール度数
45%

所有者（製造元）
ライムストーンブランチ社

問い合わせ先
タイタニックホールディングス

歴史・特長

ケンタッキーのビーム家は子沢山で知られた家系で、多くの技術者を輩出し、バーボン産業に多大な貢献をしてきた。マイナーケース・ビーム（P184 参照）もその一人で、19 世紀に自身の蒸留所を運営していたが禁酒法でメキシコに避難。そこでウイスキーづくりを続けたという伝説の人物。これはそれを再現したライウイスキーだ。ロックやハイボールもおすすめ。

第4章

禁酒法時代とカナディアンの台頭

南北戦争とウイスキー産業の発展

19世紀も半ばになり、ウイスキーの知名度が徐々に高まるなか、合衆国内では大きな問題が起きていました。南部と北部の対立です。南部の経済は、綿花やタバコのプランテーション農業（大規模農業経営）によって支えられていました。綿花やタバコの主要輸出先はイギリスです。また、プランテーション農業では多くの黒人奴隷が働いていました。ゆえに南部は、奴隷制の維持と、綿花やタバコの輸出を増やすために自由貿易を主張していました。

一方、商工業が発展していた北部は奴隷廃止と保護貿易を主張し、利害が対立していたのです。やがて南部の11州が合衆国から離脱してアメリカ南部連合を樹立。1861年に「シビルウォー（Civil War）」と呼ばれる南北戦争が勃発します。

ミシシッピ川地域を主戦場に激しい戦闘が行われましたが、時の大統領エイブラハム・リンカーンは1863年に奴隷解放宣言を発表。1865年には南部連合が降伏し、アメリカは分裂の危機をまぬがれます。

リンカーンはケンタッキー州出身です。ケンタッキー州は奴隷制を採用していたものの、合衆国側にとどまりました。しかし、ケンタッキー州の南にあり、奴隷を認めていたテネシー州は南部連合に加わったため、両州の境界は激戦地の一つとなりました。どちらもスコッチ・アイリッシュが多く移住していたエリアです。

スコットランドからアイルランドへ、そしてさらなる新天地を求めてアメリカへやって来た同胞たちは、

ケンタッキー州のホーゲンヴィルにあるエイブラハム・リンカーンの像。生家の近くだ。

ここに来て敵味方に分かれて戦わざるを得ませんでした。足かけ5年にわたった南北戦争の戦死者は、南北合計で62万3000人に達したといわれます。その数は、独立戦争や第2次世界大戦での戦死者の合計より多いとか。

戦争により大きな被害を受けたケンタッキー州とテネシー州ですが、戦後は北部の資本が流入。ウイスキー業界では連続式蒸留機の導入やスコットランド技師の招へいなどが行われ、大規模蒸留所が相次いで開設されました。ジャックダニエル、ワイルドターキー、フォアローゼズといった今に続くバーボンの有名蒸留所も、南北戦争後の1860年代後半から1880年代後半にかけてオープンしています。

アメリカンウイスキーの蒸留所の数は、1890年代には全米で800ほどになっていました。この時期、ケンタッキー州には約170の蒸留所があり、生産量は全体の約3割を占めていたといわれています。

当時、ケンタッキー州を上まわる生産量を誇っていたのが、ケンタッキー州の北西に位置するイリノイ州です。ピオリアを中心とした地域には多くの蒸留所があり、生産量は全米トップで全体の約４割を占めていました。しかしながら、ピオリアのウイスキー産業はその後衰退し、現在メジャーな蒸留所は残っていません。

ウイスキーが産業化し、多くの人々に飲まれるようになる一方で、弊害もありました。熟成していないウイスキーを水で薄めて販売する悪徳業者が急増したのです。粗悪品が流通すれば正規品の売り上げが減り、税収も下がります。そこで政府は、１８９７年に「ボトルド・イン・ボンド法（bottled in bond）」を制定します。

その内容は、「一つの蒸留所において、その年、そのシーズンに蒸留されたもののだけを樽詰めし、保税倉庫（bond）で４年間熟成させて、アルコール度数50％（１００プルーフ）で瓶詰め（bottled）したもの」だけを「ボンドウイスキー」と認めるというものでした。ボトルド・イン・ボンド法で認められた製品には、「BOTTLED IN BOND」と記載されたグリーンの封印が貼られ、「信用できるウイスキー」として大ヒットしました。

歴史に残る〝ざる法〟禁酒法の施行

ウイスキー産業の発展を誰もがよろこんでいたわけではありません。イングランドから北アメリカにいち早く入植し、禁欲や勤勉を尊ぶピューリタン（清教徒）の影響が強かったアメリカでは、アメリカ独立戦争以前からアルコールに対する根強い反発がありました。

さらに、バーボンをはじめとするアルコール飲料が広がりを見せるにしたがい、「飲酒のせいで健康被害や治安悪化・暴力事件が増えている」という批判が増加します。

そこへ、アルコールの過剰摂取が家庭生活にも支障を来すと訴える婦人活動や、第1次世界大戦下での節約志向、ビール業界を支配していたドイツ系移民への反発なども相まって（第1次世界大戦でドイツはアメリカの敵対国でした）、禁酒運動は各地で高まりを見せていきます。禁酒運動の一部は過激化し、女性活動家のキャリー・ネイションが手斧で酒場を破壊してまわったエピソードはとくに有名です。

結果として、アメリカでは20世紀初頭までに18の州で禁酒法が実施され、１９１７年にはアメリカ合衆国憲法修正第18条（全国禁酒法）が上下院を通過します。全国禁酒法の施行には、全48州（当時）のうち４分の３となる36州の批准が必要でした。

当初は多くの人々が「批准する州が４分の３を超えることはないだろう」と高をくっていたようです。しかし、推進派は禁酒法を「人類史上初の高貴なる実験」と称え、これに賛同する人々が続出。結局、36州が批准して成立してしまいます。そして、１９１９年1月から1年間の猶予期間を経て、１９２０年1月17

禁酒法が廃止となった1933年、酒場で祝杯をあげるアメリカ市民たち。「修正憲法18条よサヨウナラ」とパネルに書かれている。左は禁酒法時代に医者が発行した処方箋の数々。これがあれば薬局で〝薬用〟としてウイスキーが買えた。

日から全国禁酒法が施行されたのです。

自由主義国が禁酒を全面的に実施するのは、人類史上はじめてのことでした。ただ、法が禁じたのはお酒の製造・販売・移動のみ。飲酒そのものは禁じられていませんでした。

さらに実施まで1年の猶予期間があったおかげで、人々はお酒を大量に買いだめすることができ、国内のお酒の消費量はかえって激増します。禁酒法は歴史に残る〝ざる法〟でした。

密造や密売、密輸も横行しました。密造業者はムーンシャイナー(moonshiner)、密造酒はムーンシャイン(moonshine)と呼ばれ、もぐり酒場(スピークイージー、speakeasy)への供給が増えて過当競争になるほどでした。これに目をつけ、密造酒をもぐり酒場に運ぶ中間業者(ブートレガー)、つまりギャングたちが暗躍するようになります。ブートレガーはbootleggerとつづり、酒を入れたフラスクをブーツに隠し持っていたことから、この名がついたとか。

ギャングたちは密造や密売により巨大な利を得、縄張りを拡大していきました。この時期に頭角を現し、裏社会のドンとなったのがあのアル・カポネです。

映画『アンタッチャブル』（１９８７年公開）では、アル・カポネをロバート・デ・ニーロが、アル・カポネ逮捕に奮闘する財務省捜査官エリオット・ネスをケビン・コスナーが演じました。作中でアル・カポネはカナダからウイスキーを密輸していますが、実際、禁酒法時代にはカナディアンウイスキーが大量に密輸され、禁酒法で渇いたアメリカ人ののどをうるおしていたのです。

全国禁酒法により社会が大きく混乱する一方で、１９２０年代はジャズやトーキー映画、ダンスホールなどの娯楽が普及し、アメリカの大衆文化が大きく花開いた時代でもあります。自由で退廃的な空気に満ちた１９２０年代を、小説『グレート・ギャツビー』で知られるＦ・スコット・フィッツジェラルドは「ジャズ・エイジ」と表現しています。

バーボンウイスキーの衰退と海外への影響

全国禁酒法により、アメリカのウイスキー産業は壊滅的な打撃を受けます。禁酒法の施行中も、一部のウイスキーは薬用ウイスキーとして薬局で扱われていました。医師が薬用ウイスキーの処方が必要だと判断した患者は、処方箋を持って行けば、薬局でウイスキーを購入できたのです。ウイスキーほしさに医療機関を訪れる人が増え、処方箋を大量に発行してかせいだ医師もいたといわれています。ただ、政府の指定を受け、薬用としてではあるもののウイスキーの製造を続けられた蒸留所はごくわずか。20世紀初頭には3000軒近くあった蒸留所はほとんどが閉鎖となり、再興することはありませんでした。

スコッチウイスキーとアイリッシュウイスキーも大きな影響を受けました。2章でお話ししたように、スコッチのブレンデッドの台頭、アイルランド独立戦争の影響で斜陽となっていたアイリッシュウイスキー産業は、アメリカという主要マーケットを失うことで、ますます衰退しました。

アイリッシュウイスキーほどではありませんが、重要なマーケットだったアメリカでの売れ行きがストップしたことで、スコットランドでも多くの蒸留所が閉鎖・倒産しています。ウイスキーのつくり手たちが代々培ってきた知識やスキルが数多く失われたこの時代は、アメリカン、スコッチ、アイリッシュにとって暗黒の時代でした。

全国禁酒法に終止符が打たれたのは1933年です。同年、禁酒法廃止を訴えて選挙戦にのぞんだフランクリン・ルーズベルトが大統領に就任。12月に全国禁酒法は廃止となり、14年近く続いた禁酒法時代はようやく終わりを迎えました。

その後、アメリカのウイスキー産業は徐々に勢いを取り戻します。しかし、禁酒法時代に多くの蒸留所が閉鎖となったため原酒が不足しており、当初はバーボンではなく、安価なブレンデッドウイスキーが出まわりました。

現在、バーボン販売数量世界一を誇るジムビームは、禁酒法廃止からわずか1

２０日後に蒸留所を再開し、１９３４年にはジムビームバーボンを販売していました。しかし、ウイスキー産業全体が復活するのは、第２次世界大戦後の１９５０年代に入ってからです。１９５０年代にはアメリカンウイスキーの輸出が増え、アメリカンウイスキーが広く世界で飲まれるようになりました。

１９６３年には、合衆国内におけるアメリカンウイスキー販売量の51％以上をバーボンが占めるようになります。バーボンが名実ともにアメリカを代表するウイスキーとなったのは、このころからです。

ちなみに、１９６３年は第35代大統領ジョン・Ｆ・ケネディが暗殺された年でもあります。ケネディはアイルランド系移民で、さらにはカトリック教徒でした。アメリカ合衆国大統領に選出されたカトリック教徒はケネディが初です。前にも書きましたが、第46代大統領に就任したジョー・バイデン氏もアイリッシュ系のカトリックの移民。バイデン氏はアイルランドの詩を引用することもあるそうです。

1980年代から1990年代にかけて、ウイスキー産業は世界的に低迷します。アメリカンウイスキーの代名詞となり、最盛期には200近く存在していたケンタッキーバーボンの蒸留所は、10か所程度にまで落ち込みました。この流れが変わるのは2000年以降のことです。

なお、アメリカ合衆国全体での禁酒法は廃止されましたが、酒類の製造や販売を規制する州は今なお存在します。州のなかでアルコール飲料の販売を禁止している郡を「ドライ・カウンティ」といい、現在も数百のドライ・カウンティがあるのです（酒類の規制がない郡は「ウェット・カウンティ」と呼ばれます）。

たとえば、ジャックダニエルの蒸留所はテネシー州ムーア郡にありますが、ムーア郡はドライ・カウンティです。そのため、蒸留所ツアーの醍醐味の一つでもあるテイスティングは、ジャックダニエル蒸留所では行われていません。見学客は、特別許可を得ている蒸留所内の売店でのみ、ジャックダニエルを購入することができます。コンビニエンスストアで24時間365日お酒を買える日本は、お酒に対してとても寛容な国だといえるでしょう。

アメリカで広く親しまれるカナディアンウイスキー

全国禁酒法の影響でアメリカはもとよりアイリッシュ、スコッチも壊滅的なダメージを受けるなか、一人勝ちしていたのがカナディアンウイスキーです。カナディアンウイスキーは法によって次のように定められています。

《カナディアンウイスキーの法定義の概略》

- 穀物を原料に麦芽などで糖化、酵母などで発酵し、蒸留する
- カナダ国内で糖化・発酵・蒸留・熟成する
- 容量700リットル以下の木樽で3年以上熟成させる
- アルコール度数40％以上で瓶詰めする

定義はスコッチウイスキーやアイリッシュウイスキーと大きく変わりません。
カナディアンウイスキーは次の三つに分類できます。

《カナディアンウイスキーの分類》

●フレーバリングウイスキー

ライ麦、トウモロコシ、大麦麦芽を原料とし、主に一塔式の連続式蒸留機とダブラーを用いてアルコール度数64〜75%程度で蒸留。その後、木樽で3年以上熟成させたもの。ライ麦由来のスパイシーな風味があり、アメリカのバーボンウイスキーに似ています。

●ベースウイスキー

穀類（おもにトウモロコシ）を原料とし、多塔式の連続式蒸留機を用いてアルコール度数95%以下で蒸留。その後、木樽で3年以上熟成させたもの。マイルドでクセのない軽い酒質が特徴です。

●カナディアン・ブレンデッドウイスキー

フレーバリングウイスキーとベースウイスキーをブレンドしたもの。カナディアンウイスキーの9割以上がこのタイプです。一般的な比率は、フレーバリングウイスキーが10～30％、ベースウイスキーが70～90％となっています。なお、カナダでは、ボトルの中身の9・09％以内で、カナディアン以外のウイスキーや、そのほかのスピリッツ、ワインなど（カナダ産以外も含む）の添加も認められています。代表銘柄は、カナディアンクラブ、クラウンローヤルなどです。

カナディアンウイスキーは、穀物由来のライトでマイルドな風味が特徴で、五大ウイスキーのなかで最も軽い酒質です。17世紀後半には、ビール醸造所に蒸留の装置が併設されていたことがわかっており、このころにはすでにカナディアンウイスキーがつくられていたようです。その後、18世紀になると、オンタリオ州の五大湖周辺でも蒸留が行われるようになりました。

カナディアンウイスキーの製造が本格化するのは、1776年のアメリカ独立宣言以降です。アメリカ独立宣言が発表されると、独立を嫌った一部のイングランド系移民やスコットランド系移民がカナダに移住してきます。なかにはスコッチ・アイリッシュを含むアイルランド系移民もいたはずです。ただ、カナダでは「ウイスキー」のスペルはスコットランドと同じ「whisky」ですから、ウイスキー産業はスコットランド系移民が中心だったのでしょう。

移民たちは当初、ライ麦や小麦などの栽培に取り組んでいました。やがて製粉業が盛んになり、いつしか余った穀物からウイスキーを蒸留する者が増えます。多くは製粉業と蒸留業の兼業だったようですが、ケベックやモントリオールでは蒸留を専門とする業者もいたようです。

1840年代にはカナダ全土で200以上の蒸留所が開設され、1860年代に入るとアメリカへ輸出されるようになります。1916年からはカナダでも州ごとに禁酒法が施行されますが、多くの州が1920年代には廃止しており、また、輸出は合法と認められていたことから、ウイスキー産業はそれほど大きなダメージを負わずにすみました。

そして1920年、アメリカで全国禁酒法がスタートします。ここから、カナディアンウイスキーの快進撃がはじまるのです。

密輸で大もうけした〝アメリカのウイスキー庫〟

1920年にアメリカで全国禁酒法が施行されても、カナダ政府はアメリカへのウイスキーの輸出を禁止しませんでした。これに目をつけたのがギャングたちです。「トラック1台分のウイスキーをアメリカに持って行って売れば、シカゴに新築の家を16軒買える」――。そんなエピソードが映画『アンタッチャブル』

のなかで披露されていたと記憶しています。

ほかにも、冬になってデトロイト川が凍ると（近年は凍らないようですが）、人々は外套にウイスキーのボトルを忍ばせ、アメリカ側に走って渡ったというエピソードもあります。なかには、欲をかいてトラックでデトロイト川を渡ろうとしたところ氷が割れ、トラックごと川に沈むこともあったそうで、今でもまれに、デトロイト川の川底からは当時のウイスキーボトルが見つかるといいます。とにかく、それほど密輸がもうかる時代だったのです。

アメリカ合衆国は当然、カナダに輸出を止めるよう申し入れました。しかし、カナダは応じませんでした。「アメリカの禁酒法がうまくいっていないのはアメリカの問題であって、カナダには関係ない」。カナダの国民の多くはそう思っていたようです。結局、カナダは輸出を続け、当時の国家財政の3分の1はアメリカへの密輸が占めていたといわれるほど、大もうけしました。

スコットランド系移民やイングランド系移民が創業し、アメリカの禁酒法時代に確固たる地位を築いた――。そんなカナディアンウイスキーの歴史を体現しているメーカーがあります。カナディアンクラブをつくるハイラム・ウォーカー社です。ウォーカー社の創業者ハイラム・ウォーカーは、1816年にアメリカのマサチューセッツ州で生まれました。

ウォーカー家はスコットランドからの移民で、両親は農業を営んでいました。自分に農業は向かないと考えたハイラムは、ミシガン州デトロイトに移住。やがて穀物商・食料雑貨商で成功をおさめ、その資金をもとにウイスキーの蒸留業を目指します。しかし、全米での禁酒法に先駆けてミシガン州では1853年に禁酒法が成立し、蒸留酒は製造も販売も禁止となってしまいました。

そこで、ハイラムはカナダのウィンザー市に蒸留所を建てることを思いつきます。ウィンザー市はデトロイト川の対岸にあり、先述のとおり、冬に川が凍れば徒歩でも渡れる距離です。まさに目と鼻の先にあるウィンザー市にハイラムは468エーカー（約57万3000坪）の土地を購入し、製粉所と蒸留所を建設します。

　１８５８年、ハイラムが世に送り出したカナディアンウイスキーは、従来にないライトでまろやかな風味を身上としていました。当時のライウイスキーやバーボン、スコッチ、アイリッシュのいずれとも異なる新しいテイストは、アメリカ紳士の社交場「ジェントルメンズクラブ」でとくに人気を博します。ここから、ハイラムはウイスキーを「クラブ」と命名。クラブウイスキーはアメリカ全土で飲まれるようになり、ウォーカー社の事業も大きく発展しました。

　会社の経営に腕を振るう一方で、ハイラムは私財を投入して街灯、歩道、上下水道、ガスなどのインフラ整備にも尽力し、一帯は「ウォーカービル」（ウォーカーの村）と呼ばれるようになります。

　１８９０年、ウォーカー社はクラブウイスキーの名称を「カナディアンクラブ」（Ｃ．Ｃ．）に変更。１８９９年にハイラムが死去したあとも、カナディアンクラブの人気とウォーカー社の勢いは衰えませんでした。カナディアンクラブの人気にあやかろうと、コピー製品もかなり出まわったようです。ちなみに、カナディアンクラブは1909（明治42）年に日本に初輸出されています。

そして迎えたアメリカの全国禁酒法時代。ウィンザー市に蒸留所を、デトロイトに本社を有していたウォーカー社は、二つの施設をつなぐ地下トンネルを掘り、ベルトコンベアでウイスキーをデトロイト側に運んでは売りさばきました。

ウィンザー市にある蒸留所の敷地内には、1894年に建てられたカナディアンクラブ・ブランドセンターがあり、一般公開されています。ここで見学客は、暗号で書かれた禁酒法時代の注文書や、ギャングとの打ち合わせに使われた「スピークイージー・ルーム」などを見ることができます。

アル・カポネとの取引も当然あり、カポネはウォーカー社に対して、「おまえのところのウイスキーのボトルは弱すぎてトラックで運んでいるうちに割れてしまうから、もっと頑丈なボトルをつくれ」とクレームを入れたそうです。これを受けてウォーカー社は、首が短く平らなスキットル形で、さらに表面にエンボス

アル・カポネがつくらせたというゲートボトル。

加工を施した「ゲートボトル」を開発。ブランドセンターにはそのボトルと、1970年代につくられたレプリカボトルの両方が展示されています。

アメリカの全国禁酒法時代にうまく立ちまわり、事業拡大に成功したカナダのメーカーがもう一つあります。シーグラム社です。シーグラム社は禁酒法時代に多数の企業を買収し、世界150か国以上の地域で展開する世界最大クラスの酒類メーカーへと成長します。

1972（昭和47）年には、キリンビールと共同出資してキリン・シーグラム社を設立。翌年には富士御殿場蒸溜所（静岡県御殿場市）を開設しています。なお、ハイラム・ウォーカー社も、シーグラム社も、現在フランスのペルノリカールグループに引き継がれています。

禁酒法時代を通じてアメリカに広く浸透したカナディアンウイスキーは、今もアメリカを第一の得意先としており、生産量の7割以上がアメリカで消費されています。ちなみに、カナディアンウイスキーがカナダ国内でそれほど消費されないのは、酒税が高いからです。

カナディアンウイスキーにかかる税率はボトル1本あたり83%。税金があまりに高いため、逆にアメリカからウイスキーの密輸が絶えないといいます。禁酒法時代にアメリカにウイスキーを密輸し巨万の富を得たカナダが、今はアメリカからの密輸に頭を悩ませているとは、なんとも皮肉です。

カナディアンウイスキーの歴史とともに味わいたい
おすすめウイスキー①

カナディアンクラブ

種類
カナディアンブレンデッドウイスキー

アルコール度数
40%

所有者（製造元）
ハイラムウォーカー社

問い合わせ先
サントリー

歴史・特長
1858年にハイラム・ウォーカーが興したカナダの蒸留所で、カナディアンウイスキーを代表する1本。トウモロコシを主原料としたベースウイスキーと、ライ麦を主原料としたフレーバリングウイスキーをニューポットの段階でブレンドし、それを樽詰めして熟成させる、プレブレンディング製法で知られる。ライトでスムーズ。カクテル材料、ミックスドリンクとしても。

カナディアンウイスキーの歴史とともに味わいたい
おすすめウイスキー②

クラウンローヤル

種類
カナディアンブレンデッドウイスキー

アルコール度数
40%

所有者（製造元）
ディアジオ社

歴史・特長
カナダのギムリ蒸留所でつくられるカナディアンウイスキー。もともと英国王ジョージ6世の来訪を記念したウイスキーで、そのためローヤルと付けられたが、現在はカナディアンで一番の売り上げを誇る銘酒に成長している。王冠を模した独特の形状のボトルとシルクのように滑らかな口当たりが身上。ライ麦由来のスパイシーさも効いている。ストレートかロックで。

第5章

ジャパニーズウイスキー黎明期

五大ウイスキーの〝期待の新星〟

記録に残る限りでは、スコッチウイスキー、アイリッシュウイスキーは少なくとも500年以上の歴史があります。アメリカンウイスキー、カナディアンウイスキーについても、250年近い歴史があります。対するジャパニーズウイスキーの歴史は100年にも満ちません。

それにもかかわらず、近年、ジャパニーズウイスキーはウイスキーの世界的な品評会で高い評価を獲得し、オークションでも高値を更新し続けています。五大ウイスキーにおいて、ジャパニーズウイスキーはまさに〝期待の新星〟。世界じゅうのウイスキーファンがその動向に注目しているのです。

しかしながら、ジャパニーズウイスキーとはどのようなウイスキーをいうのか、説明できる日本人は少ないのではないでしょうか。そこでまずは、ジャパニーズウイスキーの定義について押さえておきましょう。

ウイスキーの定義は酒税法によって定められており、その内容は次のようになっています。

《ジャパニーズウイスキーの酒税法上の定義の概略》

- 発芽させた穀類や水を原料として、糖化・発酵させたアルコール含有物を蒸留したもの
- 蒸留はアルコール度数95％未満で行う
- 右記にアルコール、スピリッツ、香味料、色素または水を加えたもの

歴史が浅いということもあるでしょうが、酒税法の定義には、ほかの五大ウイスキーのような品質を保証するレギュレーションがありません。右の定義を見ればわかるように、穀物の種類や蒸留器、熟成年数、樽の種類、生産場所、瓶詰め時の最低アルコール度数などに関する決まりがないのです。したがって日本では、

蒸留直後の樽熟成していないものを「ウイスキー」と呼ぶことも、スコッチウイスキーを輸入して日本で瓶詰めしたウイスキーを「ジャパニーズウイスキー」と謳って販売することも可能でした。

ウイスキーが世界的なブームとなっている今、これは非常に問題なのですが、それについては7章であらためて説明することにして、まずは日本のウイスキーの歴史を見ていきましょう。

ウイスキーは黒船によって持ち込まれた

日本で本格的なウイスキー蒸留所が創設されたのは1923（大正12）年です。しかし、ウイスキー自体はそれよりも前に日本に伝わっていました。日本にはじめてウイスキーが持ち込まれた時期や経緯については諸説あるものの、江戸時代末期の1853（嘉永6）年、黒船に乗ったペリー一行によって持ち込まれたという説が有力です。

東インド艦隊司令長官ペリーが率いる船団は、日本に開国を迫るため、1852（嘉永5）年11月にアメリカのノーフォーク軍港を出発。翌年5月に琉球に到着します。琉球王朝から歓待を受けたペリー一行は、そのお礼として、琉球王国の高官・尚宏勲（シャン・ハンヒュン）らを招いて船上パーティーを開きました。ペリー日本遠征の公式記録『ペルリ提督日本遠征記』によると、パーティーでは欧米のあらゆるお酒や料理が振る舞われ、そこにはスコッチウイスキーやアメリカンウイスキーもあったとか。

その後、ペリー一行は琉球を出発し、7月に浦賀に入港します。このとき、交渉役としてペリーと会見した日本人がいます。浦賀奉行与力の中島三郎助と香山栄左衛門、通訳の堀達之助らです。会見後、彼らはペリーに西洋料理と飲み物をすすめられます。そこにはウイスキーもありました。生まれてはじめてウイスキーを飲んだであろう日本人の様子を、アメリカの記録官はこう記しています。

ことのほか日本の役人はジョンバーリーコーンがお好きで、着物の懐にハムを詰め込み、酔っ払って真っ赤な顔で船から下りていった。

ウイスキーは日本酒、ビール、ワインなどに比べてアルコール度数が高く、はじめて飲んだときはなかなかおいしいと感じられないものです。それにもかかわらずウイスキーを気に入ったとは、日本の役人たちはそろって酒豪だったのかもしれません。ちなみにジョンバーリーコーンというのは、大麦（バーレイ）を原料としたウイスキーの愛称、擬人化したいい方です。

いずれにしろ、記録に残る限りでは、ウイスキーはペリー一行によってはじめて日本に持ち込まれ、ペリー一行の接待にあずかった日本人たちが、日本ではじめてウイスキーを飲んだ人物ということになります。黒船来航は、日本のウイスキー史の幕開けでもあったのです。

ペリー一行はその後上海、香港へと戻り、1854（嘉永7）年に再び来航して日米和親条約が締結されました。調印式は横浜で行われ、その様子を記録した絵にはウイスキーの樽も描かれています。アメリカ側の記録によると、ウイスキー樽は時の将軍・徳川家定に献上されたそうです。家定がウイスキーを飲んだかどうかは定かではありませんが、飲んでいたら、ウイスキーを最初に飲んだ将軍は家定ということになりそうです。

日本人がはじめて飲んだ銘柄は？

ところで、ペリー一行が日本に持ち込んだスコッチウイスキーとアメリカンウイスキーの銘柄はなんだったのでしょうか。

復習になりますが、グレーンウイスキーとモルトウイスキーを混合したブレンデッドウイスキーが登場するのは１８６０年以降です。ペリーがアメリカを出港したのは１８５２年ですから、ペリー一行が持ち込んだウイスキーはブレンデッドではありません。ブレンデッド以前に飲まれていた、モルトウイスキーのいずれかの銘柄だろうと推測できます。

1850年代前半、スコットランドで一世を風靡したモルトウイスキーがあります。2章でお話しした「アッシャーズ・オールド・ヴァッテッド・グレンリベットウイスキー」です。

酒商のアンドリュー・アッシャーは、人気銘柄だったスミスのグレンリベットウイスキーを混合し、酒の味を均質化することを思いつきます。そうしてリリースされたのが、アッシャーズ・オールド・ヴァッテッド・グレンリベットウイスキーです。

リリースされたのは1853年ですから、アメリカ出港時に積み込むことはできません。加えて、当時の世界情勢や時代背景を考えると、当時のアメリカにスコッチが出まわっていた可能性は低く、アメリカから日本へと向かう途中で積み込んだと考えるべきでしょう。

ノーフォーク軍港を出たペリー一行は大西洋を横断し、アフリカ大陸の西側を南下しています。当時はパナマ運河もスエズ運河も開通していません。また、南米大陸は補給が難しい状況にあったため、このような航路となったのでしょう。一行は途中、セントヘレナ島、ケープタウンなどに寄港しながらインド洋に出て、セイロン、シンガポール、香港、上海を経由して琉球にたどり着いています。

このころ、香港や上海にはヨーロッパの商社が数多くありました。なかでも、スコットランド人のW・ジャーディンとJ・マセソンが設立したジャーディン・マセソン商会は、数ある商社のうちで最大規模を誇っていました。

スコットランド人である二人が、本国スコットランドから香港へとウイスキーを輸入しなかったはずがありません。本国で話題となっていたアッシャーズ・オールド・ヴァッテッド・グレンリベットウイスキーも当然仕入れていたでしょう。

つまり、ペリー一行は香港に寄港した際にアッシャーズ・オールド・ヴァッテッド・グレンリベットウイスキーを積み込み、それを日本に持ち込んだのではないか。私はそう推測しています。

アメリカンウイスキーについては、こちらも推測にすぎませんが、バージニア州でつくられていたライウイスキーだったのではないかと考えています。ノーフォーク軍港はバージニア州にあり、ペリー一行が出立した1850年代前半には、ライ麦を主原料としたウイスキーがつくられていたからです。

なお、バーボンウイスキーの製造が本格化するのは、南北戦争後に北部の資本がケンタッキー州やテネシー州に流入してからです。つまり、1865年以降ですから、ペリーの船にバーボンが積み込まれた可能性は低いといえるでしょう。

あるいは、ジョージ・ワシントンが独立戦争の最中にスコッチ・アイリッシュをはじめとする兵士たちに振る舞ったという、ミクターズだったかもしれません。ミクターズも今日でいうライウイスキーに近いものでした。ミクターズは軍関係者の間でとくに人気のウイスキーでした。ペリーは海軍一家の出です。ミクターズはペリーにとってもなじみ深い酒だったのではないでしょうか。それを出港の際に積み込んだとしても不思議はありません。

イミテーションウイスキーの流行

1868（明治元）年以降、日本には西洋の文化がどんどん流入します。日本人向けにウイスキーが輸入されるようになったのもこのころで、1871（明治4）年にカルノー商会が輸入した「猫印ウイスキー」がその最初だといわれています。猫印ウイスキーがどのようなウイスキーだったのか、残念ながら詳細は不明です。

ただ、スコットランドの紋章には、スタンディングライオン（立獅子）が描かれたものが少なくありません。当時輸入されたウイスキーのラベルにスタンディングライオンが描かれていて、それを日本人が猫だと勘違いしたために、〝猫印〟と呼ばれるようになったのではないか——。そんな風に推測しています。いずれにしても、1860年にはブレンデッドウイスキーが誕生していますから、スコッチのブレンデッドウイスキーだったのではないでしょうか。

明治維新以降、日本にはスコッチのブレンデッドのほか、アイリッシュ、アメリカンも輸入されていました。とはいえ、これらは高価な舶来品であり、飲めるのは一部の裕福な人々だけ。一般の人々は、薬種問屋がつくったイミテーションウイスキー（模造ウイスキー）を飲んでいました。

この時期、日本では外国産の醸造アルコールを非常に安く入手できました。1858（安政5）年に日本とアメリカ合衆国の間で結ばれた日米修好通商条約により、関税が低く抑えられていたからです。なお、醸造アルコールとは、ジャガイモ、トウモロコシ、糖蜜などを原料とした飲料用のアルコールのことです。酒精、発酵アルコール、エタノール、醸造用アルコールとも呼ばれます。

明治時代、薬種問屋は薬だけでなく酒類も扱っていました。外国産の安い醸造アルコールが出まわると、各地の薬種問屋は砂糖や香料などを加え、ウイスキーとして販売するようになります。

当時、イミテーションウイスキーの製造・販売で知られていたのが、東京の神谷傳兵衛と大阪の小西儀助商店です。神谷傳兵衛は、洋酒バー「神谷バー」（東京都台東区浅草）や「牛久シャトー」（茨城県牛久市）の創設者でもあります。小西儀助商店（現・コニシ株式会社）は、１８５６（安政３）年に創業した大阪の薬種問屋です。

その後、１８９９（明治32）年に諸外国と結んでいた修好通商条約が撤廃され、１９０１（明治34）年に酒税法が改定されます。これにより外国産の醸造アルコールの値段が上がり、それまでのように安く入手できなくなりました。また、１９０２（明治35）年に日英同盟が締結され、本場のスコッチの輸入が増加。こうして、外国産の醸造アルコールをベースとしたイミテーションウイスキーは、次第に姿を消しました。

代わりに増えたのが、国産の醸造アルコールに甘味料や着色料を加えたイミテーションウイスキーです。政府がアルコールの製造を奨励した影響もあって、この時期、国産醸造アルコールメーカーが相次いで誕生しています。とくに、東京の神谷酒造と大阪の摂津酒造は「東の神谷、西の摂津」と謳われるほど、醸造アルコールの製造で成功を収めました。

神谷酒造は、先述の神谷傳兵衛が創業した酒類メーカーです。摂津酒造は、繊維業で成功した二代目阿部喜兵衛が起こした酒類メーカーです。両社ともに自社製の醸造アルコールを使ったウイスキーを製造・販売していました。当時、醸造アルコールを使ったウイスキーを販売していた企業はほかにもあり、その代表がサントリーの創業者・鳥井信治郎率いる寿屋洋酒店です。

信治郎は、もとは小西儀助商店の奉公人でした。1892（明治25）年に13歳で丁稚奉公にあがった信治郎は、1899（明治32）年に独立して鳥井商店を創業。1906（明治39）年に社名を鳥井商店から寿屋洋酒店に変更し、翌年には、有名な「赤玉ポートワイン」を販売してヒットさせています。その後、信治郎は摂津酒造に生産を依頼して（いわゆるＯＥＭです）「ヘルメスウ井スキー」を手がけ、こちらもヒット製品となりました。

神谷酒造、摂津酒造、寿屋がつくっていたウイスキーは、いずれもイミテーションウイスキーです。薬種問屋が売っていたイミテーションウイスキーとの大きな違いは、ベースとなる醸造アルコールが外国産か国産かという点だけです。味にたいした違いはないように思えますが、同じ醸造アルコールでも国産のほうが味がよかったのでしょう。国産イミテーションウイスキーは一般市民の間で人気を博しました。

マッサン、スコットランドへ行く

摂津酒造の阿部と寿屋の信治郎は、やがて国産本格ウイスキーの製造を志します。とはいえ、本格ウイスキーをつくるためのノウハウはありません。そこで阿部は、社員の竹鶴政孝をスコットランドに留学させることにしました。

政孝は、広島県の竹原町（現・竹原市）で酒づくりを営む竹鶴酒造の分家の三男に生まれました（竹鶴酒造は現在も酒づくりを続けています）。大阪高等工業学校（現・大阪大学工学部）の醸造科で酒づくりを学び、1916（大正5）年に摂津酒造に入社しています。ご存じの方も多いと思いますが、政孝は2014年から2015年にかけて放送された、NHK朝の連続テレビ小説『マッサン』の主人公、マッサンこと亀山政春のモデルです。

1918（大正7）年12月にイギリスのリバプールに到着した政孝は、グラスゴー大学や王立工科大学で化学を学ぶかたわら、ウイスキーづくりを教えてくれる蒸留所を探してまわりました。受け入れ先探しはかなり難航したものの、1919（大正8）年春、受け入れ先が見つかります。スペイサイド地方にあるロングモーン蒸留所が、無給を条件に実習を許可してくれたのです。

政孝はロングモーン蒸留所で1週間の実習をこなし、その後は、ボーネス蒸留所でグレーンウイスキーの連続式蒸留機の操作を3週間、ヘーゼルバーン蒸留所で製造工程を約3カ月にわたって学びました。

政孝は、スコットランドで得たウイスキー製造の知識を2冊の大学ノート、通称「竹鶴ノート」に詳細に記しています。竹鶴ノートには、当時のスコッチウイスキーの製造法が克明に記録されており、国産ウイスキーの原点となりました。また、当時のウイスキーの製造法をまとめた資料はスコットランドにもなく、その点でも、竹鶴ノートは非常に価値あるものなのです。

なお、政孝はスコットランド滞在中に国際結婚をしています。お相手は下宿先の長女・リタです。政孝25歳、リタ23歳、出会ってからおよそ1年のスピード結婚でした。政孝の手記によると、政孝のひと目惚れだったようです。

国際結婚への抵抗感が今よりもずっと強い時代のことですから、周囲は猛反対でした。しかし、二人の決心は揺らぎませんでした。1920（大正9）年、政孝はリタをともない日本に帰国。それからリタが64歳で亡くなるまでの41年間、二人は病めるときも健やかなるときも手を取り合い、互いを生涯の伴侶として暮らしたのです。

山崎蒸溜所の開設と白札の失敗

帰国した政孝は、すぐにでも本格国産ウイスキーづくりに着手したかったに違いありません。しかし、現実にはそれはかないませんでした。政孝のスコットランド留学には、今の価値に換算すると数千万円もの費用がかかっていました。費用はもちろん摂津酒造が出しています。そこに国内の景気衰退が重なり、摂津酒造にはもはや蒸留所開設に投入する資金がなかったのです。

結果として、政孝は1922（大正11）年に摂津酒造を退職しています。その後、政孝は桃山中学（現・桃山学院高等学校）で化学を、リタは裕福な家庭の子どもたちに英語やピアノを教えて暮らしていました。そんな生活が1年ほど続いたある日、政孝に思わぬチャンスが舞い込みます。寿屋の鳥井信治郎から、ともにウイスキーをつくろうという申し出があったのです。

信治郎も、摂津酒造と同じように本格国産ウイスキーの夢を抱いていました。もともとは、スコットランドから技師を招へいしようとしていたようですが、政孝がスコットランドでウイスキーづくりを学んだと知り、すぐさまスカウトすることに決めたのです。信治郎が政孝に提示した条件は、契約期間10年、年俸4000円というものでした。年俸4000円は、当時の日本の大臣クラスの報酬に匹敵します。破格の待遇だったといえるでしょう。

1923（大正12）年、政孝が寿屋に入社したその年に、大阪は山崎の地で山崎蒸溜所（現・サントリー山崎蒸溜所）の建設がスタートしました。天王山のふもとにある山崎は、古くから名水の里として知られる土地です。さらに、蒸溜所の近くで宇治川、桂川、木津川が合流しているため、年間を通じて深い霧が立ちます。加えて、消費地である大阪にも近く、山崎はまさにウイスキーづくりに最適な土地でした。なお、政孝が寿屋に入社し、山崎蒸溜所の建設が決まった1923年は、「日本のウイスキー元年」といわれています。

1924（大正13）年、山崎蒸溜所が完成。その年の暮れからウイスキーづくりがはじまりました。大麦はイギリスから輸入したピートを焚いて麦芽に加工し、蒸留器は、政孝が実習したロングモーン蒸留所のものとよく似た形のものを設置するなど、山崎蒸溜所では、スコッチの伝統的なスタイルにのっとってウイスキーづくりが行われました。

1929（昭和4）年、寿屋は初の本格国産ウイスキー「サントリー」をリリースします。丸瓶に白いラベルが貼られていたことから「白札」と呼ばれた国産第1号ウイスキーの価格は4円50銭。これは、当時の一般家庭の生活費の1割に相当し、舶来もののスコッチにもひけをとらない、強気の値付けでした。信治郎も政孝も、それだけ自信があったのでしょう。

しかし、二人の期待とはうらはらに、白札の評価は「焦げくさくて飲めない」

山崎蒸溜所と国産第一号となったサントリーウイスキー、通称「白札」。レア・オールド・アイランド・ウイスキーと表記されている。

とさんざんで、まったく売れませんでした。その後、政孝は契約期間が満了するまで寿屋で働きますが、残念ながらウイスキーのヒット商品を出すことはできませんでした。

1934（昭和9）年3月、政孝は寿屋を退職。7月に大日本果汁株式会社（のちのニッカウヰスキー）を設立し、北海道の余市町に余市蒸溜所を開設しました。

実は政孝は、山崎蒸溜所を建てる際、山崎ではなく北海道を推していました。スコットランドでウイスキーづくりを学んだ政孝にとって、スコットランドに気候風土が似ている北海道こそが、ウイスキーづくりの理想郷でした。しかし、物流などの観点から信治郎がこれに反対し、結果として、山崎の地が選ばれたのです。

念願の地・北海道でのウイスキーづくりに、政孝は胸を躍らせたことでしょう。しかし、実際にウイスキーをつくりはじめたのは2年後からです。政孝が蒸溜所

1934年に創業したニッカの余市蒸溜所。左は石炭直火を続ける余市のポットスチルで、ネックの上部に注連縄が飾られている。

開設のために集めた資金は10万円、山崎蒸溜所の設立資金200万円の20分の1にすぎませんでした。ウイスキーの製造に必要な設備をすべてそろえるにはとても足りません。

そこでまずは余市の名産品であるリンゴを用いた製品をつくり、その利益で設備を少しずつそろえるという事業計画を立てていたのです。社名の大日本果汁は、設立当初の主要事業がリンゴ果汁を用いた製品の製造・販売だったことに由来しています。

当初の計画どおり、政孝はリンゴジュースなどをつくって売り、その収益でウイスキーの設備を拡充。1936（昭和11）年より、ウイスキーづくりをスタートさせました。

第6章

世界にはばたくジャパニーズウイスキー

角瓶とニッカウヰスキーの誕生

白札の失敗から8年後の1937（昭和12）年、寿屋の鳥井信治郎は「サントリーウ井スキー」、通称「角瓶」をリリースします。「焦げくさくて飲めない」と酷評された白札での失敗を踏まえ、信治郎は山崎蒸溜所の原酒を自らブレンドし、日本人の繊細な味覚に合う香味を追求しました。するとこれが大ヒット。角瓶は寿屋の看板ウイスキーとなり、今も大勢の人々に飲み継がれるロングセラー製品となりました。

角瓶が好評を博したころ、世界は徐々に戦争の色が濃くなっていました。そしてついに、1939（昭和14）年、第2次世界大戦が勃発します。その翌年の1940（昭和15）年、政孝は大日本果汁初のウイスキー「ニッカウ井スキーRare Old」を発売。政孝が寿屋を辞めて大日本果汁を設立してから、すでに6年の月日が経っていました。

1941（昭和16）年、太平洋戦争（大東亜戦争）が開戦します。戦時中、山崎蒸溜所と余市蒸溜所は海軍の指定工場となり、制約はありながらも、ウイスキーの製造を続けることができました。やがて輸入ウイスキーの供給がストップすると、陸軍でも寿屋と大日本果汁のウイスキーが飲まれるようになります。戦後、日本ではウイスキーブームが起きますが、ブームを牽引したのは、戦時中に寿屋と大日本果汁のウイスキーを飲み、その味に親しんだ人たちでした。

余市蒸溜所も山崎蒸溜所も空襲などの被害を逃れ、ウイスキー原酒が失われずに残っていたことも幸いしました。戦後の混乱期にもかかわらず、ウイスキーをすぐに供給できたからです。実際、寿屋は、終戦の翌年には「トリスウ井スキー」を発売しています。角瓶よりも安価だったことから、「角瓶には手は届かなくてもトリスなら買える」と多くの人が買い求め、ウイスキーブームのきっかけをつくりました。

大黒葡萄酒（のちのメルシャン）も、1946（昭和21）年に「オーシャン」

ウイスキーを発売しています。オーシャンは、同社の東京工場で製造されたグレーンウイスキーと、余市蒸溜所から提供を受けたモルトウイスキーとを混ぜたブレンデッドウイスキーでした。ここまで紹介した白札、角瓶、トリス、ニッカウ井スキーもブレンデッドです。

戦後に花開いたウイスキーブーム

戦後から1960年代にかけて、国産ウイスキー市場は大いに活気づきました。寿屋、ニッカウヰスキー、大黒葡萄酒の社名あるいは製品名を冠したバーが各地に誕生。仕事帰りにバーに立ち寄り、ウイスキーを炭酸水で割ったハイボールを飲むのがトレンドとなりました。

国産ウイスキーの新製品も続々とリリースされ、ブラックニッカ、スーパーニッカ、トリス、サントリーオールド、サントリーローヤル、サントリーレッド、サントリースペシャルリザーブなど、現在も販売が続く名ウイスキーが数多く誕生します。

また、大日本果汁は１９５２（昭和27）年に社名をニッカウヰスキーに、寿屋は１９６３（昭和38）年に社名をサントリーに変更。ニッカウヰスキーはさらに、１９６９（昭和44）年には現在の宮城県仙台市に宮城峡蒸溜所を開設しています。

なお、戦後しばらくは、ウイスキーは1級、２級、３級に分類されていました。ランクが上になるほど徴収される税金が増え、販売価格も高くなります。この仕組みを級別課税制度といいます。

１９４９（昭和24）年の級別区分では、アルコール度数が43度以上で、本格ウイスキー混和率が30％以上のものは「1級」、アルコール度数40度以上で、本格ウイスキーの混和率が5％以上のものは「2級」、アルコール度数40度以上で、本格ウイスキーの混和率が1級、２級に該当しないものは「3級」となっていました。「本格ウイスキー」とは、３年貯蔵以上の原酒（モルトウイスキー）のことです。

戦後の混乱期に飲まれたのはもっぱら3級ウイスキーでした。鳥井信治郎が終戦後にいち早くリリースしたトリスも3級ウイスキーです。当時の3級ウイスキーの価格は1本（640ミリリットル）300円台。一方、竹鶴政孝が大日本果汁設立後はじめてリリースし、1級ウイスキーに認定されていたニッカウ井スキーは1300円ほど。価格にかなりの差がありました。

ただ、3級ウイスキーは、「ウイスキー」と名乗ってはいるものの、実際はイミテーションウイスキーにごく近いものでした。前述のとおり、3級の原酒混和率は「1級、2級に該当しないもの」とされていました。2級ウイスキーの原酒混和率は5%以上ですから、3級ウイスキーの原酒混和率は5%未満となります。この「未満」がポイントで、原酒は1%でも、0・1%でも、さらには0%でもいいと解釈できます。おそらく、原酒混和率が0%のものも出まわっていたでしょう。

3級ウイスキーの成分のほとんどは、「原酒ではない何か」でした。この「原酒ではない何か」の正体は醸造アルコールです。醸造アルコールにモルトウイスキーをごく少量加え（あるいはまったく加えずに）、ウイスキーらしい色と風味をプラスしたものが、3級「ウイスキー」として飲まれていたのです。

3級ウイスキーは、1953（昭和28）年の酒税法の改正により姿を消します。級別区分が変更されて3級がなくなったのです。代わりに設けられたのが特級でした。特級の響きに懐かしさを覚えた方もいるかもしれません。特級、1級、2級の区分は1989（平成元）年に制度が廃止されるまで続きました。

1983年、国内のウイスキー消費量がピークを記録

1970年代から1980年代前半にかけて、ウイスキーの消費量は過去最高の伸びを記録します。また、人々の生活が豊かになるにつれ、特級ウイスキーや海外の高級ウイスキーが好まれるようになりました。そんななか販売数で突出し

ていたのが、ボトルのシルエットから「だるま」「たぬき」「黒丸」などの愛称で親しまれていたサントリーオールドです。

オールドは特級ウイスキーでしたが、リザーブやローヤルなどのほかの特級に比べると手頃感があり、人気銘柄となっていました。ただし、オールドをはじめとする特級ウイスキーを提供する飲食店はバーが中心で、和食店での扱いはほとんどありませんでした。

そこでサントリーは、寿司屋、天ぷら屋、割烹といった和食店にオールドを積極的に売り込む一大キャンペーンを実施します。和食の象徴ともいえる「二本の箸」と、当時サントリーの東京支社が置かれていた「日本橋」とをかけて「二本箸作戦」と命名されたキャンペーンは大成功を収め、オールドの販売数はうなぎ上りに。二本箸作戦が始まった1970（昭和45）年のオールドの販売数は100万ケース（1ケース12本）ほどでしたが、1974（昭和49）年には5倍の500万ケースを突破。その後も勢いは衰えず、1978（昭和53）年には1000

0万ケースの大台に乗ったのです。

そして1980（昭和55）年、オールドの販売数は1240万ケースに達します。この記録は単一ブランドの販売量としては世界一であり、40年近く破られませんでした。

オールドの勢いに引っ張られる形で、1983（昭和58）年には国内のウイスキー消費量が約38万キロリットルとなり、ピークを迎えました。

この時期、日本のウイスキー業界で二つの大きな変化が起きています。

一つは新しい蒸留所の開設です。1973（昭和48）年、サントリーが現在の山梨県北杜市に白州蒸溜所（白州西蒸溜所）を、キリン・シーグラム社（キリンビールとカナダの酒造会社シーグラムの合弁会社）が静岡県御殿場市に富士御殿場蒸溜所を設立。これで、国内の大手ウイスキーメーカーであるサントリー、ニッカウヰスキー、キリンの3社と、各社の主要蒸留所がそろいました。なお、サントリーは1981（昭和56）年に白州の敷地内に蒸留所を新設しています。

現在、一般公開されている白州蒸溜所は、１９８１年に新設された蒸留所のほうです。

もう一つは、シングルモルトの登場です。１９８４（昭和59）年、サントリー、ニッカウヰスキーがそれぞれ、シングルモルトウイスキー「ピュアモルトウイスキー山崎」「シングルモルト北海道」をリリースしました。

ただし、ピュアモルトウイスキー山崎も、シングルモルト北海道も、日本初のシングルモルトではありません。１９７６（昭和51）年に三楽オーシャン（旧・大黒葡萄酒、のちのメルシャン）が発売した「軽井沢」が、国産初のシングルモルトとなります。「軽井沢」は国内外で高く評価されたものの、主流は変わらずブレンデッドでした。

サントリーとニッカウヰスキーがシングルモルトを発売した１９８４年も、ウイスキーといえばブレンデッドを意味しました。サントリーが製品名を「シングルモルト山崎」ではなく「ピュアモルト山崎」としたのも、シングルモルトという言葉がまだ浸透していなかったからです。そのような状況にもかかわらず、両社がシングルモルトの発売に踏み切ったのは、スコッチウイスキーの不況を考えてのことでしょう。

2章でお話ししたように、第2次世界大戦後、スコッチのブレンデッドはアイリッシュウイスキーから世界一の座を奪い取ることに成功しました。その後、1960年代〜1970年代にかけては、多くのウイスキーメーカーが施設拡張や生産規模強化に取り組んでいます。

しかし、1980年代に入ると状況が一変。スコッチのブレンデッド離れが起き、大不況に陥ったのです。鳥井信治郎の後を継いで二代目社長に就いたサントリーの佐治敬三社長も、竹鶴政孝の後を継いでニッカウヰスキーの社長に就任した竹鶴威社長も、「世界の蒸留酒の王様」と称されたスコッチブレンデッドの転落を知り、ジャパニーズウイスキーの未来に危機感を抱いたに違いありません。その結果、シングルモルトの発売を決めたのでしょう。

スコッチ業界の最大手UD社が、傘下の蒸留所のシングルモルトを厳選してクラシックモルトシリーズをリリースしたのは1988年です。本家スコットランドよりも早くシングルモルトに目をつけて販売した佐治社長、竹鶴社長は、まさに慧眼だったといわざるをえません。

1980年代にはほかに、日本の企業がスコットランドの老舗蒸留所を買収するという出来事も起きています。1986（昭和61）年に宝酒造・大倉商事がトマーティン蒸留所を、1989（平成元）年にはニッカウヰスキーがベンネヴィス蒸留所を買収。この時期、日本はバブル景気の真っただなかでした。

また、サントリー、ニッカウヰスキーの大手2社が飛躍を続ける一方で、国内では地ウイスキーブームも起きていました。清酒や焼酎などの製造をメインとしていた酒類メーカーがウイスキーの製造に乗り出し、安価な2級ウイスキーを販売。国内旅行ブームと相まって、一大ムーブメントとなりました。

しかし、1989（平成元）年に級別制度が廃止されると、2級ウイスキーが増税の対象となったため売り上げが激減。地ウイスキーメーカーの多くが事業から撤退し、地ウイスキーブームは10年弱で終わりを迎えます。

「五大ウイスキーの一つ」は〝自称〟だった？

1991（平成3）年のバブル崩壊をきっかけに、日本は長い不況に突入します。それよりも早く、ウイスキー産業は冬の時代を迎えていました。1983（昭和58）年に約38万キロリットルを記録したのを最後に国内のウイスキー消費量は右肩下がりに落ち込み、その状況はおよそ25年続きました。ジャパニーズウイスキーの歴史において最も暗く、厳しい時代です。

だからといってウイスキーの製造を完全にやめてしまえば、5年後、10年後、20年後の原酒がなくなってしまいます。サントリーもニッカウヰスキーもキリンも、ウイスキーの生産量をぎりぎりまで減らしてなんとか耐えていました。

そんななか、明るいニュースもありました。２００１（平成13）年に開催されたウイスキーの品評会「ベスト・オブ・ザ・ベスト」において、ニッカウヰスキーの「シングルカスク余市10年」が総合第1位を、サントリーの「響21年」が第2位を獲得したのです。スコッチ、アメリカン、アイリッシュなど各国のウイスキーを抑え、ジャパニーズウイスキーが「世界一おいしい」と認められた瞬間でした。ベスト・オブ・ザ・ベストはその後、ワールド・ウイスキー・アワード（ＷＷＡ）と名称を変え、ウイスキーの権威ある品評会の一つとなっています。

これを皮切りに、ジャパニーズウイスキーは海外の品評会で次々に受賞。ジャパニーズウイスキーの知名度は国内外で少しずつ高まっていきます。また、１９９０年代半ばから、シングルモルトを好む層が少しずつ増え、都内を中心にシングルモルトを提供するモルトバーも数多く登場しました。

ところで、ジャパニーズウイスキーは世界の五大ウイスキーの一つとされていますが、アイリッシュ、スコッチ、アメリカン、カナディアンに比べると歴史が浅いのは明らかです。２００１年のベスト・オブ・ザ・ベストでシングルカスク余市が総合第1位を獲ってようやくジャパニーズウイスキーの存在を知り、「日本でもウイスキーがつくられているのか！」と驚いた海外のウイスキー関係者も大勢いたはずです。ではいったい、誰が、いつ、ジャパニーズウイスキーを「五大ウイスキーの一つ」というようになったのでしょうか。

実はこれ、謎なのです。私がウイスキー関連の書籍をはじめて上梓したのは１９９２（平成４）年です（『スコッチ・モルト・ウィスキー』新潮社／共著）。この本で私は「ジャパニーズウイスキーは五大ウイスキーの一つ」という表現を使っています。ただし、これは私の考案ではありませんから、おそらく、このとき参考にした文献に「五大ウイスキー」という記述があったのでしょう。そう考えると、１９７０年代から80年代には、五大ウイスキーという呼称がすでに使われていたと考えられます。

１９６０年代、サントリーやニッカウヰスキーはウイスキーを海外へ輸出していました。したがって、海外にもジャパニーズウイスキーを知る人はいたのでしょう。だからといって、スコッチやアイリッシュの関係者たちが、ジャパニーズウイスキーを自分たちのウイスキーに並ぶものと認識していたとは到底思えません。そう考えると、「世界の五大ウイスキーの一つ」というジャパニーズウイスキーの肩書きは、当初は〝自称〟だった可能性が非常に高いのです。

しかしながら今、ジャパニーズウイスキーが世界五大ウイスキーの一つであることに疑念を呈す人はいないでしょう。

ウイスキーファンならご存じでしょうが、台湾にカバランという蒸留所があります。カバラン蒸留所は、2006年にオープンした台湾初の蒸留所です。2008年に初のシングルモルトをリリースするとその実力が高く評価され、以来、世界の蒸留酒の品評会で多くの賞を受賞しています。そのカバラン蒸留所が以前、「台湾のウイスキーを世界の六大ウイスキーとしたい」といっていました。

はじまりこそ〝自称〟だったかもしれませんが、ジャパニーズウイスキーが五大ウイスキーの一つであることは、ウイスキー業界ではもはや常識となっているのです。

ウイスキー不況を打開したハイボールブーム

シングルモルトのシェア拡大や、世界的な品評会でシングルカスク余市と響21年が受賞するなどの明るいニュースがありつつも、ウイスキー消費量の下降に歯止めはかからず、2008（平成20）年まで下がり続けました。底を打った2008年の消費量は7万4000キロリットル。1983（昭和58）年のピーク時のおよそ5分の1にまで減っていました。

しかし、ウイスキーの消費量は2009（平成21）年から上昇に転じます。長いウイスキー不況に終止符を打ったのは、ハイボールブームでした。

2008（平成20）年ころから、サントリーは角瓶をソーダで割る「角ハイボール」、通称「角ハイ」の広告を展開。「ウイスキーが、お好きでしょ」の名曲をBGMに、女性店主が営むバーの様子を描いたテレビCMは大いに好評を博しました。そして、若者を中心にハイボールが大ブームとなり、そのおかげで消費量が上昇に転じたのです。ハイボール人気は10年以上経った今も継続中で、スーパーやコンビニではハイボール缶が並び、ご当地ハイボールも誕生しています。

ウイスキーの国内消費量の底打ち、ハイボールの流行、そしてウイスキー消費量の回復と、2007~2009年はウイスキー産業にとって潮目が大きく変わった時期です。と同時に、クラフトウイスキーという新たな潮流が生まれた時期でもあります。

2007(平成19)年、埼玉で一つのクラフト蒸留所が産声を上げました。ベンチャーウイスキー社の秩父蒸溜所です。創業者の肥土伊知郎さんはサントリーで営業職として働いて経験を積んだのち、父親が経営する東亜酒造に入社。その後、父親の後を継いで社長に就任します。東亜酒造は、創業1625(寛永2)

年の老舗の酒蔵です。1960年代からはウイスキーの製造にも乗り出し、1980年代の地ウイスキーブームの際には「ゴールデンホース」をリリース。これが大ヒットとなり、地ウイスキーの東の雄として名を馳せました。

しかし、2004（平成16）年に他社への事業譲渡が決定してしまいます。肥土さんは譲渡先から、祖父が開設した羽生蒸留所の売却と、製品化されずに残っていたウイスキー原酒400樽相当の廃棄を求められました。肥土さんは原酒を守るため、秩父市でベンチャーウイスキー社を設立。翌2005（平成17）年に、残った原酒を使ったシングルモルトウイスキー「イチローズモルト」をリリースしました。

その後、肥土さんは秩父市の工業団地の一画に秩父蒸溜所を建設し、2008（平成20）年2月から蒸留をスタートさせます。くり返しになりますが、2008年は国内のウイスキー消費が最低だった時期です。

「このタイミングで個人が蒸留所を建てるなんて無謀にもほどがある。すぐに閉鎖に追い込まれるのではないか」と誰もが危惧していました。けれども、肥土さんは周囲のそんな予想を見事に裏切ります。２０１１（平成23）年に秩父蒸溜所で蒸留した原酒を使った「秩父 ザ・ファースト」をリリースすると、全７４００本がその日のうちに完売。それから10年、秩父蒸溜所は世界に名だたる蒸留所となりました。

秩父蒸溜所、あるいはイチローズモルトのファンは世界じゅうにいます。２０１９（令和元）年8月に行われた香港ボナムズのオークションでは、イチローズモルトのカードシリーズ54本セットが、約９７５０万円（７１９万２０００香港ドル）という高値で落札され、大きなニュースになりました。これは日本産ウイスキーの落札額としては過去最高です。

詳しくは7章でお話ししますが、今、国内各地にウイスキー蒸留所が誕生し、クラフトウイスキーブームが起きています。その先駆けとなったのが、肥土さんと秩父蒸溜所なのです。

平均視聴率21・1%『マッサン』も追い風に

角ハイによって火がついたハイボールブームのおかげで、1983（昭和58）年のピーク時には遠くおよばないとはいえ、国内のウイスキー消費量は少しずつ盛り返していきました。

そこへ、さらなる追い風が吹きます。2014（平成26）年9月から、NHKの朝の連続テレビ小説『マッサン』の放送がスタートしたのです。『マッサン』は、ウイスキーづくりの夢を抱くマッサンこと亀山政春（玉山鉄二）と、その妻エリー（シャーロット・ケイト・フォックス）の生涯を描いた人情喜劇。ニッカウヰスキーの創業者、竹鶴政孝と妻リタがモデルとなっています。

連続テレビ小説において、男性が主演の作品はかなり珍しいそうです。また、ヒロインに外国人が起用されるのもはじめてとのこと。かなり異例の作品だったといえますが、全150回の平均視聴率は、2013（平成25）年放送の『あまちゃん』の平均視聴率20・6％を超える21・1％を記録しました。実は、私は『マッサン』のウイスキーの時代考証を担当させていただき、脚本から読んでいました。それでも、毎朝の放送が楽しみでなりませんでした。ウイスキーづくりに情熱を注ぐマッサンと、数々の困難が降りかかっても太陽のようにほがらかなエリー。二人の生き様に感動を覚えた方も多いのではないでしょうか。

『マッサン』をきっかけにウイスキーに興味を持った方も多かったようで、２０１５（平成27）年には、北海道の余市蒸溜所に年間90万人もの観光客が足を運んだそうです。ドラマには鳥井信治郎をモデルとした〝鴨居の大将〟（堤真一）も登場しており、そのつながりで、サントリーの山崎蒸溜所や白州蒸溜所にも多くの観光客が訪れたと聞いています。

２００９（平成21）年以降、国内のウイスキー消費量は順調に回復していきました。また、ウイスキーの輸出も着実に増えていきました。ウイスキーの輸出金額で見ると、２０１３年は39億８０００万円（対前年比１６０・７％）、２０１

マッサンの撮影のためにつくられたNHKのセット。本物のスチルを使っている。下はドラマの台本。⑳は20週目の台本を意味している（著者所蔵）。

4年は58億5000万円（同147・0％）、2015年は103億7800万円（同177・4％）と、対前年比で2桁の伸びを見せています（国税庁「酒類の輸出動向について」より）。この勢いは2020年まで続いており、なんと清酒を抜いて国産酒類のトップに躍りでました。その金額は約271億円にもなります。ジャパニーズウイスキーは今、世界じゅうで引っぱりダコなのです。

ウイスキーの輸出増の背景にあるのは、いうまでもなく、ジャパニーズウイスキーの品質の高さです。ジャパニーズウイスキーは今や世界的な酒類品評会の上位の常連となっており、オークションに出せば大変な高値で取引されます。サントリーの創業者・鳥井信治郎と、ニッカウヰスキーの創業者・竹鶴政孝は、スコッチウイスキーをはじめとする世界のウイスキーに憧れて国産ウイスキーの製造に乗り出し、以来、その背中をずっと追いかけてきました。そして今、ジャパニーズは世界が憧れるウイスキーとなったのです。

ジャパニーズウイスキーの歴史とともに味わいたい
おすすめウイスキー①

山崎

種類
シングルモルト

アルコール度数
43%

所有者（製造元）
サントリースピリッツ

問い合わせ先
サントリー

歴史・特長

山崎蒸溜所は1923年に建設された日本初の本格蒸留所。ジャパニーズウイスキーを代表するシングルモルトで、世界じゅうの愛好家が称賛する憧れのウイスキーだ。華やかでスイートなアロマと、フルーティでコクのあるフレーバーは日本のウイスキーの一つの到達点でもある。これはノンエイジの山崎だが、山崎の入門編として最適。ロック、水割り、ストレートで。

ジャパニーズウイスキーの歴史とともに味わいたい
おすすめウイスキー②

余市

種類
シングルモルト

アルコール度数
45%

所有者（製造元）
ニッカウヰスキー

問い合わせ先
アサヒビール

歴史・特長

余市蒸溜所は1934年に創業した大日本果汁の蒸留所で、「ウイスキーは北の大地でつくるもの」という竹鶴政孝の信念が今も生きている。スコッチでもまれとなった石炭直火にこだわり、パワフルでコクのある重厚なフレーバーが持ち味。山崎とは対極にあるジャパニーズシングルモルトだが、世界じゅうにファンがいて人気は高い。ストレートかロックで。

第7章

ウイスキーの今、そしてこれから

アメリカ、カナダでクラフト蒸留所が急増

今、世界じゅうでクラフトウイスキーブームが起きています。クラフトウイスキーに明確な定義はありませんが、一般に、「大手に比べると規模が小さい、こだわりの蒸留所でつくられるウイスキー」を指します。

クラフトウイスキーブームは、アメリカからはじまりました。ブームのきっかけはクラフトビールです。1990年代後半、アメリカではまず、クラフトビールのブームが起きていました。それ以前もクラフトビールはつくられていましたが、飲み手はもっぱらビールマニアで、とくに流行していたわけではありませんでした。

ところが、2000年に入り、徐々に一般にも広がりはじめます。ニューヨークをはじめとする都市部では、ビールづくり教室や、ビールの原料や醸造キットを購入できるショップが登場。クラフトブルワリー（醸造所）も次々に開設され

ました。

クラフトビールで酒づくりに参入した人たちが、次に目をつけたのがウイスキーでした。ウイスキーはごくおおざっぱにいえば、ビールを蒸留したものです。ビールづくりで酒づくりの経験を積んだ人たちが、次の事業の柱にウイスキーを選んだのは、しごく当然といえるでしょう。また、2010年前後から、ウイスキー市場は活気を取り戻しつつありました。

こうして、2010年以降、アメリカでクラフトディスティラリーが続々と誕生します。その勢いやすさまじく、2012年の時点で300ほどあるといわれていたクラフトディスティラリーの数は、2020年には2000を超えたともいわれます。まさに〝雨後のたけのこ〟状態です。一方で、つぶれてしまう蒸留所も少なからずあるため、もはや誰も正確な数を把握できない状況となっています。

2010年以降にオープンしたクラフトディスティラリーのなかには、昔の蒸留所が復活を遂げた例もあります。その一つが、２０１０年にケンタッキー州に誕生したライムストーンブランチ蒸留所です。

ライムストーンブランチ蒸留所を開設したのは、スティーブ・ビーム氏とポール・ビーム氏の兄弟です。ケンタッキー州にはビームという姓が多く、バーボン関係者にもビーム姓の人が多くいます。スティーブ氏によると、二人はマイナーケース・ビームの子孫にあたるとのこと。

マイナーケース・ビームは、ジムビームの創業一族である名門ビーム家につらなる人物です。マイナーケースは20世紀初頭、ケンタッキー州に自身の蒸留所をかまえていました。やがて、禁酒法によりウイスキーづくりができなくなると、蒸留所をメキシコに移設。メキシコでつくったウイスキーをアメリカに密輸していたといいます。なかなかにアウトローな御仁です。禁酒法廃止後は再びケンタッキーに戻ってきますが、その後、マイナーケースの蒸留所は残念ながら売却されてしまいます。

ケンタッキー州レバノンに建てられたライムストーンブランチ蒸留所。石灰岩（ライムストーン）で建てられている。

スティーブ氏とポール氏は、マイナーケースが断念したウイスキー事業を自分たちの手に取り戻したいと願っていました。そうして開設したのがライムストーンブランチ蒸留所です。ライムストーンブランチ蒸留所からは、マイナーケースの名を冠した「マイナーケース・ライ」ウイスキーもリリースされています。

ほかにも、3章で紹介した「建国のウイスキー」ことミクターズも、長らく製造中止となっていましたが、2013年、ケンタッキー州のルイビルに場所を移し、蒸留所が復活しています。

アメリカではじまったクラフトウイスキーブームは、やがて隣国カナダにも波及しました。２０１７年に刊行された『Canadian Whisky Second Edition』(Davin de Kergommeaux 著) では40を超すクラフト蒸留所が紹介されており、計画中のものも含めると、その数は90にもなると書かれています。

とくに、バンクーバー沖に浮かぶビクトリア島にはクラフトディスティラリーが多く集まり、10以上の蒸留所があるとか。オンタリオ湖やミシガン湖などの五大湖周辺にも、多くのクラフトディスティラリーが誕生しています。カナダの人気観光スポット、バンフ国立公園内にも蒸留所があるというから驚きです。

なおカナディアンウイスキーは、メジャー銘柄以外は日本ではあまり流通していません。今後は、クラフトのものも輸入されるといいのですが。

V字回復を遂げたスコッチ

アメリカではじまったクラフトディスティラリーのブームは、やがてスコットランドにも上陸します。その流れを見ていきましょう。

1980年代以降、スコッチウイスキーは不況に陥り、多くの蒸留所が閉鎖に追い込まれました。そんななか、UD（ユナイテッド・ディスティラーズ）社が1988年に「クラシックモルトシリーズ」をリリース。これを機に、シングルモルトの消費量は徐々に増えていきます。しかし、スコッチ全体の消費が復活するには至らず、2000年代に入るまで市場の縮小は続きました。

風向きが変わったのは2000年に入ってからです。2000年代以降、著しい経済発展を遂げているブラジル、ロシア、インド、中国、南アフリカ（BRICS）でスコッチが飲まれるようになりました。その影響でスコッチの消費が息を吹き返したのです。ブラジル、ロシア、インド、中国、南アフリカは、スコッチにとっては未開市場でした。高価なスコッチはこれらの地域の多くの人々にとっては〝高嶺の花〟であり、ほとんど飲まれていませんでした。しかし、経済が成長して人々の暮らしが豊かになるにつれ、スコッチを飲む人が増えたのです。BRICSで飲まれたのは、シングルモルトではなくブレンデッドです。もともと、スコッチウイスキーの販売量の9割はブレンデッドが占めています。そのブレンデッドの消費量が増えたことで、スコッチはようやく復活できたのでした。ただ、市場が回復したからといって、スコットランドで蒸留所の再開や新設が相次いだかといえば、そうはなりませんでした。2010年以降、アメリカではクラフトディスティラリーが急増し、少し遅れてカナダでも小規模な蒸留所が多数誕生していますが、スコットランドが同様の状況になるのは2013年以降です。

スコットランドには、「容量2000リットル以下の蒸留器は認めない」という独自の慣例がありました。それが、クラフトディスティラリーの開設をはばんでいたのです。この慣例は、密造酒の製造が盛んだった19世紀前半に、密造所を減らすために設けられた規制がもとになっているといわれます。それが200年近くずっと適用されてきたのです。ちなみに、アメリカ、カナダ、アイルランド、日本には、蒸留器の大きさに関する規制はありません。

2000リットルの蒸留器といっても、ピンとこない方も多いかもしれません。クラフトディスティラリーで使われている蒸留器のなかで最小クラスのものは、約300〜400リットルです。その5、6倍の2000リットル以上の蒸留器を設置するには、それなりの広さが必要です。もちろん購入費用も跳ね上がります。フォーサイス社という世界的な蒸留器メーカーに2000リットルクラスの蒸留器を注文した場合、1基2000万円は下らないでしょう。2000リットル以上という慣例法は、クラフトディスティラリーを開設したいと願う人たちにとって大きな障壁となっていました。

その状況を変えたのが、スコッチ・クラフト・ディスティラリーズ協会（SC

DA）です。SCDAは、クラフトディスティラリーの立ち上げを計画している人たちによって結成されました。SCDAは、各地にクラフトディスティラリーが誕生すれば地域活性につながると訴え、熱心にロビー活動を続けました。その努力が実り、2013年、ついに2000リットル以下の蒸留器も認められるようになったのです。

これ以降、スコットランド全土で小さな蒸留所が相次いでオープンしました。慣例法が撤廃される前の2010年から2012年にかけてオープンしたクラフトディスティラリーも含めると、2020年までの10年間で50近い蒸留所が誕生。80ほどだった稼働蒸留所の数は、今や130近くになっています。

新型コロナの感染拡大の影響でクラフトディスティラリーの開設ラッシュはやや落ち着いたものの、収束したなら、新しい蒸留所のオープンが再び相次ぐことでしょう。

さて、1988年にクラシックモルトシリーズがリリースされて以降、欧米や日本では、スコッチといえばシングルモルトという認識になりつつあります。スコットランド内のクラフトディスティラリーの多くも、シングルモルトの製造をメインとしています。

シングルモルトが人気になるにつれ、すっかり影が薄くなってしまったブレンデッドですが、ここにきて、再び脚光があたりはじめているのをご存じでしょうか。ブレンデッドがあらためて注目されるようになったのには、二つの理由があります。

一つは、ブレンデッドのコストパフォーマンスのよさです。世界的なシングルモルトブームによりモルト原酒が不足するようになり、その影響でシングルモルトの価格が高騰しています。たとえば、売上高世界一を誇るグレンフィディックの場合、スタンダードボトルの12年（700ミリリットル）は購入価格が1本3000円以上となっています。

一方、スコッチ・ブレンデッドの売上高世界一のジョニーウォーカーなら、スタンダードボトルのジョニーウォーカー レッドラベル（700ミリリットル）が1200円程度で購入できます（2021年2月時点）。手頃感でいえば、ブレンデッドに軍配が上がります。

もう一つは、圧倒的な飲みやすさです。シングルモルトはその個性の強さがうりですが、人によっては「個性が強すぎる」と感じるかもしれません。対して、複数のモルト原酒とグレーン原酒を混合したブレンデッドは飲みやすさが身上。加えて品質も安定しています。

以上の理由から、一部のウイスキーファンの間でブレンデッド回帰が起きているのです。コンビニで手軽に買えるのも魅力ですね。シングルモルトとブレンデッドを両輪に、スコッチウイスキーは今後、さらなる発展を遂げるに違いありません。

古豪アイルランドの復活

近年の世界的なウイスキー人気とクラフトディスティラリーブームの恩恵を、最も受けているのがアイリッシュウイスキーです。

2章でお話ししたように、アイリッシュウイスキーは一時期、世界のウイスキー市場の6割を占めていたといわれます。ところが、スコッチのブレンデッドの台頭や、独立戦争、アメリカの禁酒法などによって苦況に追い込まれ、やがて世界の市場から消えてしまいます。最盛期には1200とも1300ともいわれた蒸留所は、1980年代にはミドルトン蒸留所とブッシュミルズ蒸留所の二つだけになってしまいました。

しかし、1987年、第三の蒸留所が誕生します。北アイルランドとの国境に近いダンダーク郊外に、クーリー蒸留所がオープンしたのです。その後、操業停止となっていたキルベガン蒸留所や新タラモア蒸留所が創業し、2016年以降、クラフトディスティラリーも続々と誕生。現在、アイルランドで稼働している蒸留所はおよそ30。2022年には40近くになるかもしれません。

クラフトディスティラリーのなかにはユニークなバックボーンを持つ蒸留所も多く、たとえば、2015年にオープンしたスレーン蒸留所は、中部のミース県に建つスレーン城の敷地内にあります。音楽好きの方なら、スレーン城の名前を聞いたことがあるかもしれません。

スレーン城はアイルランド最大の野外音楽フェスティバルの会場としても知られており、過去にはローリングストーンズやクイーン、U2、マドンナなどもライブを行っています。スレーン蒸留所はアイリッシュ伝統の3回蒸留を行う一方で、タイプの異なる三つの樽で熟成させた原酒をブレンドするという、伝統と革新をハイブリッドした製造スタイルで、実にクラフトらしいといえるでしょう。

もう一つ、格闘技ファンにおすすめのクラフトウイスキーをご紹介しておきましょう。「コナー・マクレガー　プロパー　ナンバー12」というウイスキーです。

北アイルランドとの国境に近いリバースタウンに1987年にオープンしたクーリー蒸留所。

格闘技ファンなら品名にピンとくると思いますが、こちらはなんと、アイルランド出身の総合格闘家コナー・マクレガー氏がプロデュースしたウイスキーです。私も飲みましたが、製造そのものは老舗のブッシュミルズ蒸留所で行われているそうで、味も品質も、そしてコスパも抜群です。つい最近も3度目の復帰戦をやりましたが、ファイトマネーは10億円を超えるとか。

この10年、アイリッシュウイスキーの売り上げは確実に伸びています。年間総売り上げは20年前の200万ケースから、2022年には2000万ケースを突破するものと見られています。この数字は、スコッチのジョニーウォーカー一社の売り上げとほぼ同じではありますが、その伸び率には目を見張るものがあります。

とくに、アメリカでの売り上げが急上昇しており、バーボン、カナディアン、スコッチを追い越す勢いです。実際、アメリカにおけるシェアは、次の10年でアイリッシュがスコッチを上まわるという予測もあります。アイリッシュがアメリカでこれほどシェアを伸ばしているのは、それだけアイルランド系移民が多いからでしょう。一説では、その数4000万ともいいます。

ウイスキー界の古豪アイルランドが、再び天下をとる日はくるのでしょうか。アイリッシュの躍進を、世界じゅうのウイスキーファンが見守っています。新大統領に就任したジョー・バイデン氏もアイルランドからの移民の子孫。これもアイリッシュの追い風になるでしょう。

新鋭ジャパニーズの快進撃

国内のウイスキー産業も大きく変化しています。

2009年以降、ジャパニーズウイスキーの国内消費量は順調に回復し、輸出も着実に増えていました。

アメリカからはじまったクラフトディスティラリーの波は、当然、日本にも打ち寄せ、2016年ころからクラフトディスティラリーが相次いで誕生しています。私が編集長を務めるウイスキー専門誌『ウイスキーガロア』(ウイスキー文化研究所)は、2017年3月の創刊です。創刊号の特集テーマは「日本のクラフト蒸留所」で、国内の13の蒸留所を取り上げました。それから4年近く経った2021年1月の時点で、国内のクラフトディスティラリーの数は40近くになります(ウイスキー製造免許の取得の関係で公表できないものや計画段階のものも含む)。

ここで、「1980年代に日本で流行した地ウイスキーと、2016年ころから増えたクラフトディスティラリーのウイスキーってどう違うの？」と疑問に思った方もいるかもしれません。小規模な蒸留所がつくるウイスキーという点では、地ウイスキーもクラフトウイスキーも同じです。しかし、〝中身〟はまったくの別物といっていいでしょう。

というのも、地ウイスキーの多くは2級ウイスキーで、ブレンデッドでした。また、原酒よりも醸造アルコールが主体という製品が珍しくなく、その原酒も、メーカーによっては他社あるいは海外から仕入れていました。

一方、現在のクラフトウイスキーの主流はシングルモルトで、当然、自社産のモルト原酒100%です。近年のウイスキーブームで操業を再開した地ウイスキーメーカーも少なくありませんが、現在はシングルモルトに力を入れています。地ウイスキーとクラフトウイスキーとは、まったくの別物なのです。

さて、6章でもお話ししたように、ジャパニーズウイスキーは近年、海外での知名度が非常に高まっています。新型コロナの感染拡大以前、国内の蒸留所には外国人観光客が大勢訪れていました。

見学客の2〜3割は外国人観光客という蒸留所もあり、英語、フランス語、中国語、韓国語など多言語案内表示に対応している蒸留所も増えています。これは、サントリー、ニッカ、キリンの大手メーカーだけの話ではありません。地方のクラフトディスティラリーも同様です。

また、サザビーズやクリスティーズ、ボナムズといった世界的に有名なオークションでもジャパニーズウイスキーは人気で、海外の資産家たちによって高値で落札されています。

ジャパニーズウイスキーが海外でこれほど人気な理由としては、

①メイドインジャパン（日本製）への根強い信頼
②和食をはじめとする日本の食文化への興味・憧れ

③ジャパニーズウイスキーに共通する繊細でバランスがよい香味
④世界的な品評会での輝かしい受賞歴

などが挙げられます。

③の「繊細でバランスがよい」は、ジャパニーズウイスキーの評価としてよく使われる表現です。もちろん、国産ウイスキーにもスモーキーなものもあれば、パンチが効いたものもあります。それでも、全体の傾向として「繊細でバランスがよい」と指摘されます。これは、日本ならではの業界事情が育んだ特性といえるかもしれません。

たとえばスコッチのブレンデッドには、数十種類のモルト原酒とグレーン原酒が使われています。そして、それぞれの原酒は基本的に別々の蒸留所でつくられています。

一方、日本では、自社のブレンデッドに他社の蒸留所の原酒を使うことはありません。ゆえに、国内のメーカーがブレンデッドをリリースしようと思ったら、自前で複数の原酒を用意するほかないのです。

実際、サントリー、ニッカ、キリンは自社でモルト原酒とグレーン原酒の両方をつくっていますし、サントリーとニッカは原酒の幅を広げるために二つの蒸留所を持っています。結果として、国内のウイスキーメーカーは、何百、何千という原酒をつくり分ける知見と技術を磨くことができました。

加えて、和食に慣れ親しんできた日本人は、刺激が強い味よりも繊細でバランスのとれた味を好む傾向があります。日本のウイスキーメーカーは、このような日本人の嗜好に寄り添って製品開発をしてきました。ほかにも、日本の穏やかな気候風土、有機物の少ない水も、ジャパニーズウイスキーの風味を決める重要な要素となっています。このようなさまざまな事情や要素が重なり合い、ジャパニーズウイスキーは「繊細でバランスがよい」ものに仕上がっているのではないでしょうか。

④については、ウイスキーファンならよくご存じでしょう。名だたる品評会の上位ランクには、ジャパニーズウイスキーの名が必ずあるといっても過言ではありません。

国際的なウイスキーの品評会の一つ、ワールド・ウイスキー・アワード（WWA）の２０２０年大会では、16あるカテゴリーのうち３つのカテゴリーでジャパニーズウイスキーが世界最高賞を受賞しています。

《WWA2020の結果》

●サントリー「白州25年」 ワールドベスト・シングルモルトウイスキー部門にて、世界最高賞を受賞

●ベンチャーウイスキー「イチローズモルト&グレーン ジャパニーズブレンデッドウイスキー リミテッドエディション２０２０」 ワールドベスト・ブレンデッドウイスキー・リミテッドリリース部門にて、世界最高賞を受賞

●キリンディスティラリー「シングルグレーンウイスキー富士30年」 ワールドベスト・グレーンウイスキー部門にて、世界最高賞を受賞

また、2020年に開催された、第2回東京ウイスキー&スピリッツコンペティション（TWSC）では、サントリーの「エッセンス・オブ・サントリーウイスキー 山崎蒸溜所 リフィルシェリーカスク」と、本坊酒造の「駒ヶ岳 1991 28年 シングルカスク №.160」が最高金賞に選ばれています。

本坊酒造は1872（明治5）年創業の酒類メーカーです。地ウイスキーブーム時代には「マルスウイスキー」がヒットし、西の雄として名を馳せました。その後、一時期はウイスキーの生産を休止していましたが、2011（平成23）年に再開し、現在はマルス信州蒸溜所とマルス津貫蒸溜所の二つの蒸留所を持ちます。サントリー、ニッカウヰスキーの大手以外で二つの蒸留所を持つのは、本書執筆時点ではベンチャーウイスキーと本坊酒造だけです。

世界的なウイスキー人気の影響

ここまで、2000年以降の五大ウイスキーの動きを見てきました。ウイスキーの世界的な盛り上がりを、少しは感じていただけたでしょうか。

ウイスキーファンの一人として、近年のブームはとてもうれしく思っています。しかし、あまりの過熱ぶりに、ウイスキー業界では今、いくつかの問題が起きています。

その一つが原酒不足です。たとえば、スコッチは1980年代から1990年代にかけて、ジャパニーズは1980年代から2000年代にかけて、長い不況を経験しています。その時期、多くの蒸留所がウイスキーの生産量をぎりぎりまで抑えて耐え忍んでいました。スコットランドのメーカーのなかには、耐えきれずに閉鎖してしまった蒸留所も少なくありません。ところが、近年の急激な需要の高まりにより、10年物、20年物、30年物といった熟成の長い原酒が不足するようになったのです。

その結果、二つの現象が起きています。一つは、熟成年数を表記しない「ノンエイジ」と呼ばれる製品の増加です。ただ、誤解がないように説明しておくと、ノンエイジ＝熟成されていないウイスキーでもなければ、原酒のすべてが熟成期間の短いものというわけでもありません。ウイスキーのラベルに表記される熟成年数は、使われている原酒の最低熟成年数を示しています。

たとえば、ラベルに「白州10年」と書かれていれば、使われている原酒のなかで熟成年数が最も若いのが10年であることを意味します。つまり、15年物、20年物の原酒が使われている可能性もあるのです。したがって、ノンエイジの製品にも、10年物や15年物が使われている可能性は十分あります。

ノンエイジ製品が増える一方で、熟成年数を表記した「エイジング」製品の終売が相次いでいます。この現象はとりわけ日本で顕著で、ニッカウヰスキーの竹鶴ピュアモルト17年・21年・25年、サントリーの白州10年・12年、山崎10年、響

17年など、エイジング製品が次々と終売、あるいは休止になっているのです。

ウイスキーメーカーは今、生産ラインを拡充して増産に努めていますが、2021年に仕込んだ原酒が、熟成のピークを迎えるのは10年以上先になります。そして、その10年後もウイスキーブームが続いているかどうかは誰にもわかりません。ここが、ウイスキービジネスの非常に難しいところなのです。いずれにしても、原酒不足の解消には長い時間がかかるでしょう。

原酒不足に加えて、ジャパニーズウイスキーには定義に関する問題もあります。5章で説明したように、ジャパニーズウイスキーの定義はほかの五大ウイスキーに比べて非常にゆるいものとなっています。したがって、日本では次のような蒸留酒も「ジャパニーズウイスキー」を名乗れてしまうのです。

●国内でつくられたモルトウイスキー、またはグレーンウイスキーが1割、残りの9割がウイスキーではない醸造アルコールの製品

●海外から輸入したウイスキーを日本で瓶詰めした製品
●大麦麦芽を糖化・発酵・蒸留し、その後、樽で熟成せずに瓶詰めした製品

実際、国内のスーパーマーケットや酒販店では、右のようなお酒が「ジャパニーズウイスキー」として売られていますし、海外にも輸出されています。これは、国内の消費者も、海外の消費者も裏切る行為ではないでしょうか。

しかし、2021年2月、大きな動きがありました。それは、日本洋酒酒造組合からジャパニーズウイスキーの定義が発表されたことです。

実は2016年8月に、私が主宰するウイスキー文化研究所は、ジャパニーズウイスキーに定義がないのはおかしいと、記者会見をして問題を投げかけていました。そのときに、「定義問題を引き取らせてほしい」といってくれたのが、日本洋酒酒造組合です。

当時ウイスキーをつくるメーカーが30〜40社加盟していたと思います。もちろん民間団体である私たちがやるより、国税庁の外郭団体である酒造組合がやるほうが正統であると、よろこんで策定をおまかせしました。それがようやく、2021年2月に形になったのです。

これは「ジャパニーズウイスキー」という特定用語を用いる際の製造規準ですが、概要を記すと以下のようになります。

①原料は麦芽、穀類、水で、水は日本国内で採水されたものに限る。糖化には必ず麦芽を用いること
②糖化、発酵、蒸留は日本国内の蒸留所で行うこと
③蒸留の際の留出アルコール度数は95％未満とする
④熟成は容量700リットル以下の木製樽に詰めて、日本国内で3年以上行うこと

⑤瓶詰めは日本国内で行い、充填時のアルコール分は40％以上であること。その際、色調整のためにカラメルを添加することは認められる

今回の定義によって、ジャパニーズウイスキーと名乗れるものは、日本国内で糖化・発酵・蒸留を行い、日本国内で木製樽に詰めて3年以上熟成させたものと、明確に規定されています。外国産のウイスキーを加えたり、ウイスキーではない醸造アルコールを混ぜたりしたものは、ジャパニーズウイスキーとは、名乗れなくなります。

さらにいえば、仕込の水も日本産であること、そして瓶詰めも日本国内で行うことなど、かなり厳格な定義になっています。スコッチウイスキーでも水については言及していませんし、シングルモルトを除いては、瓶詰めはスコットランド国内でなくても構わないとなっています。ある意味、スコッチ以上に厳しい定義なのです。

ただ、問題がないわけではありません。これはあくまでも酒造組合の内規であって、組合に加盟していなければ、その限りではありませんし、違反しても罰則規定がないのです。それでも、今回の定義は日本のウイスキー100年の歴史の中で、大きな一歩、画期的な出来事と大いに評価していいものと、私は思っています。

ウイスキー業界の二つのトレンド

本書の最後に、押さえておきたいウイスキー業界のトレンドを二つ、ご紹介しましょう。

一つめは、ウイスキー投資です。すでにお話ししたように、2019年8月に行われた香港ボナムズのオークションにおいて、イチローズモルトのカードシリーズ54本セットが約9750万円（719万2000香港ドル）で落札されました。

カードシリーズは、2005年から2014年にかけて順次発売されました。それぞれのボトルには異なる樽で熟成された原酒が瓶詰めされており、54本すべてがそろったフルセットは、世界に数セットほどしかないといわれています。とても貴重なものなのです。とはいえ、発売時の価格は1本平均で1万5000円、54本そろえても81万円です。それがおよそ120倍の価格で落札されたわけですから、出品者もさすがに驚いたのではないでしょうか。

また、同年10月には、イギリスのサザビーズで60年物の「ザ・マッカラン」が約2億1750万円（150万英ポンド）で落札されました。このマッカランは1926年に蒸留されたのち、60年間シェリー樽で熟成されていたという代物です。同じ樽から瓶詰めされたものが30～40本あるといわれており、そのうちの12本が、1986年に1本100万円で販売されました。

当時発売されたものと、今回オークションに出品されたものとでは、ラベルなどに違いがあり、まったく同じものというわけではないのですが、中身は一緒です。１００万円で売られていたものに、33年後に約２１６倍の値がつく——。夢のような話だと思いませんか。

先述のイチローズモルトの落札者もマッカランの落札者も、おそらくは飲むのが目的ではなく、投資目的で落札したのでしょう。これほど高額な取引にならずとも、自宅に眠っていた、あるいは蒸留所の売店で購入したウイスキーを、ネットオークションやフリマアプリなどに出品する人もいるようです。

近年は、ウイスキーに投資するファンドも登場しています。世界のウイスキー市場は２０２６年まで拡大が続き、年間平均成長率は５％超を記録すると予測されています。ウイスキー投資ブームも、まだしばらく続くのではないでしょうか。

二つめのトレンドは、ウイスキー新興国の台頭です。

おいしいウイスキーは冷涼な土地で生まれる——。ウイスキー業界では長らくそういわれてきました。外気温の変化が少ない寒冷地のほうが熟成がゆっくりと進み、その分、味に奥行きが出ます。ゆえに、暑い地域でつくられたウイスキーは、これまであまり評価されませんでした。それが今、変わりつつあります。

暑い地域でもおいしいウイスキーをつくれることを世界に知らしめたのが、6章でも触れた台湾のカバラン蒸留所です。カバラン蒸留所から新製品が出るたびに話題になり、品評会でも多くの賞を受賞しています。

2020年に開催された第2回東京ウイスキー&スピリッツコンペティション（TWSC）では、出品された全128品のシングルモルトのなかから、カバラン蒸留所の「カバラン ソリスト ヴィーニョ バリック」が最高賞の「ベスト・オブ・ザ・ベスト」を受賞。さらに、2位、3位にもカバランのウイスキーが選ばれ、スコッチやジャパニーズを差し置いてトップ3をカバランが独占するという結果になりました。

インドウイスキーも要注目です。実はインドは、世界一のウイスキー消費国であることをご存じでしょうか。また、世界のウイスキー販売量ランキングにおいて、1位を獲得しているのもインド産ウイスキーです。

ただ、インドで親しまれているのは、モラセスを原料としたウイスキーです。モラセスは、サトウキビから砂糖を生成する際に出る副産物で、日本では廃糖蜜または糖蜜と呼ばれます。モラセス原料のウイスキーは、インドでは180ミリリットルサイズの紙パックで売られていることが多く、価格はなんと50円ほど。その安さから、インドの人々の国民酒となっています。

ただし、国際基準に照らし合わせると、モラセスを原料とするインディアンウイスキーは、「ウイスキー」とはいいにくいものがあります。事実、EU域内では、インディアンウイスキーをウイスキーとして販売することはできません。EUでは、ウイスキーは「穀物を原料とする蒸留酒を木の樽で熟成させたもの」と定義されており、モラセス原料のウイスキーはその定義からはずれているからです。これまでインディアンウイスキーがあまり注目されてこなかったのも、国際基準からはずれる製品がほとんどだったからでしょう。

しかし近年、本格的なシングルモルトをつくる蒸留所が増え、インディアンウイスキーに注目が集まっています。

インドではじめてシングルモルトをリリースしたのは、アムルット蒸留所です。アムルット蒸留所は、インド南部のカルナータカ州の州都バンガロールにあります。1948年の創業以来、ウイスキーのブレンドやボトリングを行っていましたが、1985年からウイスキーづくりをスタート。当初はモラセス原料の安いウイスキーをつくっていましたが、その後蒸留所を新設し、2004年に世界初のインディアンシングルモルト「アムルット」をリリースします。

サンスクリット語で「人生の霊酒」を意味する「アムルット」のおいしさは、やがて世界のウイスキー関係者に知られるようになります。『ウイスキー・バイブル』の著者であり、ウイスキーの世界的権威でもあるジム・マーレイ氏は、2010年刊行の著書で、「アムルット・フュージョン」に100点満点中97点という高得点をつけ、「世界第3位のウイスキー」と讃えたほどです。

インド南西部の街ゴアにあるポール・ジョン蒸留所も、インディアンシングルモルトをつくっています。ポール・ジョン蒸留所を運営するのは、「オリジナルチョイス」などのモラセス原料のウイスキーで知られるジョン・ディスティラリー社です。同社は、「世界に通用する本格的なシングルモルトをつくりたい」との想いから、2007年、ポール・ジョン蒸留所を新設したのです。

私はこれまで、カバラン蒸留所、アムルット蒸留所、ポール・ジョン蒸留所を訪れ、ウイスキーを何度も飲んでいますが、どれもとてもおいしいのです。とくに、熟成年数が短い製品の出来映えは、五大ウイスキーの老舗蒸留所のものに引けをとりません。一般に、熟成年数が短いウイスキーは、熟成年数が長いものに比べて味に深みがなく、香りも広がりに欠けます。ところが、カバランやアムルット、ポール・ジョンのウイスキーは、熟成年数が3年、4年という若い製品であっても、8年物、あるいは10年物に匹敵する〝熟成感〟があるのです。

ウイスキーの熟成に使われるのは木製の樽です。ウイスキーがもれない程度には密閉されていますが、気体はとおれます。ゆえに、ウイスキーは熟成している間も少しずつ蒸発しています。これを「エンジェルズシェア」（天使の分け前）といいます。ウイスキーが蒸発して樽の中身が減ると、その分、樽のなかに酸素が取り込まれます。ウイスキーは樽のなかで酸素に触れながら、少しずつ熟成していくのです。

一般に、スコッチのエンジェルズシェアは年間2％ほどで、熟成がピークを迎えるのに15～30年かかります。対してカバラン蒸留所では、エンジェルシェアは17～18％になるそうです。

ウイスキーが蒸発すれば、それだけ取り込まれる酸素の量が増え、熟成はダイナミックに進みます。カバランの場合、5～6年もすれば熟成はピークに達します。アムルット蒸留所やポール・ジョン蒸留所のウイスキーも同様で、実際の熟成年数以上の熟成感が感じられるのは、カバランと同様に熟成の進みが早いからでしょう。

現在、イスラエル、インドネシア、タイ、パキスタン、南アフリカなどにもウイスキーの蒸留所ができています。いつか、暑い地域のウイスキーが「六大ウイスキー」「七大ウイスキー」に数えられるようになり、「ウイスキーは暑い地域でつくられたものに限る」といわれる日がくるかもしれません。

クラフトウイスキーの歴史とともに味わいたい
おすすめウイスキー①

秩父ザ・ファーストテン

種類
シングルモルト

アルコール度数
50.5%

所有者（製造元）
ベンチャーウイスキー

問い合わせ先
ベンチャーウイスキー

歴史・特長

日本のクラフトの歴史は2004年に創業したベンチャーウイスキーの秩父からはじまったといっても過言ではない。その秩父初の10年物が、このファーストテン。スイートでフルーティで複雑なコクがあり、秩父のポテンシャルの高さが世界じゅうのファンを唸らせている。即日完売となったが、バーで探してぜひ飲んでみてほしい。もちろんストレートがおすすめ。

クラフトウイスキーの歴史とともに味わいたい
おすすめウイスキー②

厚岸シングルモルトウイスキー 寒露

種類
シングルモルト

アルコール度数
55%

所有者（製造元）
堅展実業

問い合わせ先
堅展実業

歴史・特長

現在の日本のクラフトシーンを象徴する1本。厚岸蒸溜所は北海道の厚岸町に 2016 年に創業した蒸留所で、これはその3年物のシングルモルトだが、スモーキーかつスイートで、複雑なアロマとコクがあり、とても3年物とは思えない仕上がり。道東の大自然が生んだ奇跡のウイスキーといってもいい。15000本の限定。ぜひこちらもストレートで !!

参考文献

『ビジネスに効く教養としてのジャパニーズウイスキー』土屋守、祥伝社
『ビジネス教養としてのウイスキー　なぜ今、高級ウイスキーが2億円で売れるのか』土屋守、KADOKAWA
『新版 ウイスキー検定公式テキスト』土屋守、小学館
『ウイスキーコニサー教本　上巻・中巻・下巻』土屋守、ウイスキー文化研究所
『アメリカを動かすスコッチ＝アイリッシュ――21人の大統領と「茶会派」を生みだした民族集団』越智道雄、明石書店

おわりに

ウイスキーは、５００年以上におよぶ歴史のなかで大きく変化してきました。その昔、アイルランド、あるいはスコットランドに伝わった蒸留技術が大麦と出会い、ウイスキーが生まれました。やがて、18世紀の密造酒時代に樽で熟成するという手法が定着。19世紀にはモルト原酒とグレーン原酒を混合したブレンデッドが考案され、20世紀に入ってシングルモルトが広がりました。

一方で、ウイスキーは移民たちの手でアメリカ、カナダへと伝えられ、やがて日本でもつくられるようになりました。そして今、ウイスキーが世界じゅうでブームとなり、投資の対象になるまでになりました。五大ウイスキーの生産国ではクラフトディスティラリーが急増し、暑い地域でもウイスキーの蒸留所が増えています。ウイスキー市場の拡大は当面続くでしょう。

新しいチャレンジも盛んに行われています。サクラやクリ、スギなど従来は用いられなかった木材で熟成樽をつくったり、野生の酵母を使って大麦麦芽を発酵させたり、寺院で見かける巨大な鐘・仏像と同じ鋳物で蒸留器をつくったりと、ウイスキーの現場では日々、イノベーションが起きているのです。

２０２０年、２０２１年にかけて世界はコロナ禍に見舞われましたが、それでも、ウイスキーの歩みが止まることはありませんでした。この瞬間にも世界のどこかでウイスキーがつくられ、そして飲まれています。ウイスキーの歴史は、私たちの生活や文化と深く関わりながら、これからもずっと続くに違いありません。

最後になりましたが、このささやかな本で、ウイスキーの奥深さや、おいしさに触れることができればと願っています。「ウイスキーほど面白い酒はない」。心底、そう思っています。

２０２１年３月
土屋守

●著者プロフィール

土屋守（つちや・まもる）

作家、ジャーナリスト、ウイスキー評論家、ウイスキー文化研究所代表。1954年、新潟県佐渡生まれ。学習院大学文学部国文学科卒業。フォトジャーナリスト、新潮社『FOCUS』編集部などを経て、1987年に渡英。1988年から4年間、ロンドンで日本語月刊情報誌『ジャーニー』の編集長を務める。取材で行ったスコットランドで初めてスコッチのシングルモルトと出会い、スコッチにのめり込む。日本初のウイスキー専門誌『The Whisky World』(2005年3月-2016年12月)、『ウイスキー通信』(2001年3月-2016年12月）の編集長として活躍し、現在はその2つを融合させた新雑誌『Whisky Galore』(2017年2月創刊）の編集長を務める。1998年、ハイランド・ディスティラーズ社より「世界のウイスキーライター5人」の一人として選ばれる。主な著書に、『シングルモルトウィスキー大全』(小学館)、『竹鶴政孝とウイスキー』(東京書籍）ほか多数。

マイナビ新書

人生を豊かにしたい人のためのウイスキー

2021年3月31日　初版第1刷発行

著　者　土屋守
発行者　滝口直樹
発行所　株式会社マイナビ出版
〒101-0003　東京都千代田区一ツ橋2-6-3　一ツ橋ビル2F
TEL 0480-38-6872（注文専用ダイヤル）
TEL 03-3556-2731（販売部）
TEL 03-3556-2735（編集部）
E-Mail pc-books@mynavi.jp（質問用）
URL https://book.mynavi.jp/

編集　小川裕子／ウイスキー文化研究所
写真　ウイスキー文化研究所／藤田明弓
装幀　小口翔平＋三沢稜＋後藤司（tobufune）
DTP　富宗治
印刷・製本　中央精版印刷株式会社

　ISBN978-4-8399-7475-6

Printed in Japan